MATEMATICA IN 5 minuti

A Camilla, Bianca e Tindara.

MATEMATICA IN 5 MINUTI
Mettere alla prova le proprie abilità non è mai stato così semplice

Socio Unico Giangiacomo Feltrinelli Editore srl
Via Andegari, 6 - 20121 Milano
info@gribaudo.it - www.feltrinellieditore.it/gribaudo/

Testi: Elena Del Conte
Editing e impaginazione: Oltrepagina (VR)
Illustrazioni: Shutterstoch images; Oltrepagina (pp. 10 coccarda, 16, 17, 24, 34, 36, 40 ritratto, 48, 49, 62, 68, 78, 98, 116, 142, 144, 172, 191, 194, 211, 212)

Responsabile iniziative speciali: Massimo Pellegrino
Responsabile editoriale: Franco Busti
Responsabile di redazione: Laura Rapelli
Redazione: Daniela Capparotto
Responsabile grafico: Meri Salvadori
Fotolito e prestampa: Federico Cavallon, Fabio Compri
Segreteria di redazione: Daniela Albertini

FSC
www.fsc.org
MISTO
Carta da fonti gestite in maniera responsabile
FSC® C021883

Stampa e confezione: Grafica Veneta, Trebaseleghe (PD)

Prima edizione: 2017 [5(F)] 978-88-580-1746-3

ELENA DEL CONTE

MATEMATICA IN 5 minuti

METTERE ALLA PROVA LE PROPRIE ABILITÀ

NON È MAI STATO COSÌ SEMPLICE

GRIBAUDO

Elena Del Conte è entrata in ruolo nel 1986 come docente di matematica e scienze, da 12 anni insegna nell'Istituto Comprensivo Duca d'Aosta di Novara, città dove vive.
Da sempre appassionata di matematica ha ideato per i suoi alunni "il quadernino delle regole" nel quale semplifica gli argomenti per renderli alla portata di tutti.
Nel 2013 ha esteso il suo "quadernino" a un pubblico di adulti con *Instant matematica* (Gribaudo), scritto con la collaborazione del fratello Marco.

Se ancora siete tra quelli che pensano che la matematica sia una scienza noiosa e difficile, scoprirete che ha invece molti risvolti nella vita di tutti i giorni.

Matematica in 5 minuti non è il classico noioso e incomprensibile testo di matematica ma un leggero e divertente manuale ricco di curiosità che scova i principi matematici nella moda, nella musica, al cinema, nella finanza, raccontando qualche aneddoto sulla vita dei grandi matematici e soffermandosi sulle applicazioni pratiche della disciplina.
Ricco di esercizi, proposti sotto forma di quiz, che riaprono cassetti della memoria e con leggerezza fanno giocare con terne pitagoriche, logaritmi, calcolo combinatorio e tanto altro ancora... È un libro utile per allenare la mente e potenziare il QI, per avvicinarsi al mondo dei test, per aumentare l'autostima e per trovare il coraggio di rimettersi in gioco.

TROVATE LE SOLUZIONI DEGLI ESERCIZI ALLE PP. 239-256.

LA LEGGE DI MURPHY
OVVERO LA SFIGA CI VEDE BENISSIMO

Quante volte ci è capitato! Al mattino, ancora assonnati, ci sfugge dalle mani la fetta biscottata che con amore avevamo imburrato e ricoperto di marmellata... per la nota **legge di Murphy** la vedremo sicuramente incontrare il pavimento dal lato della marmellata.
Il primo a rendersi conto delle avversità del caso fu Edward Murphy, un ingegnere degli United States Army Air Corps, che durante una serie di esperimenti per verificare la resistenza dell'organismo umano alle accelerazioni violente notò che i sensori che dovevano essere montati sul corpo del maggiore medico John Paul Strapp per l'esperimento, e che potevano essere agganciati in due modi, regolarmente venivano posizionati dai tecnici nel modo sbagliato.

Fu così che pronunciò queste parole: «Se ci sono due o più modi di fare una cosa e uno di questi può condurre a una catastrofe, allora qualcuno lo farà in quel modo».
Fu proprio John Paul Stapp a riportare il postulato di Murphy nella conferenza stampa in cui venivano resi noti i dati dei test. A quel giorno si fa risalire la nascita della Legge di Murphy.
La statistica si basa sulla legge dei grandi numeri: se tiriamo in aria una moneta, abbiamo il 50% di probabilità che esca testa e il 50% che esca croce. Più tentativi facciamo e più ci avvicineremo a questa percentuale, tuttavia se un evento è poco probabile non è detto che non possa verificarsi già dai primi tentativi e poi ripetersi ancora.
Il paradosso di Murphy va oltre le leggi della statistica affermando che l'evento poco probabile, se può in qualche modo complicarci la vita, si verificherà al primo tentativo!

La solitudine dei numeri primi

Questa frase è il titolo di un romanzo del 2008 di Paolo Giordano, vincitore di vari premi letterari, i cui protagonisti Alice e Mattia, sottoposti dalla vita a prove difficili, umiliazioni e sofferenze, si sentono diversi dai loro coetanei. In questo libro si propone un parallelismo tra i **protagonisti**, **soli e diversi**, e i **numeri primi**, **soli e diversi** rispetto ad altri numeri.

«I numeri primi sono divisibili soltanto per 1 e per se stessi. Se ne stanno al loro posto nell'infinita serie dei numeri naturali, schiacciati come tutti tra due, ma un passo in là rispetto agli altri. Sono numeri sospettosi e solitari e per questo Mattia li trovava meravigliosi.»
Già noti al matematico Eratostene di Cirene (275-195 a.C.), che ideò un "crivello" cioè un setaccio per catturarli tra le maglie, sono numeri divisibili solo per 1 e per se stessi. Ma quali sono questi "poveri" numeri primi?

Eccone alcuni:

2, 3, 5, 7, 11,
13, 17, 19, 23...

Come è facile notare, sono tutti dispari tranne il 2, che forse è l'unico a sentirsi veramente solo.
Il bello è che sono infiniti! Molti matematici si impegnano a lungo per individuarne di nuovi.
La ricerca di numeri primi di grandezza crescente, in realtà, non ha particolari implicazioni pratiche, se non quella di testare la potenza di calcolo di un processore.

IL NUMERO PRIMO PIÙ GRANDE DEL MONDO

Il numero primo più grande mai scoperto finora è $2^{74.207.281}$ -1: ha oltre 22 milioni di cifre (per la precisione 22.338.618) ed è stato calcolato da un computer della University of Central Missouri.
La sua paternità è da attribuire a Curtis Cooper, professore di informatica particolarmente esperto in materia: nel 2013 era stato sempre lui a stabilire il precedente primato, un numero primo composto "solo" da 17 milioni di cifre, quindi più corto di ben 5 milioni di cifre.

I Campionati Internazionali di Giochi Matematici

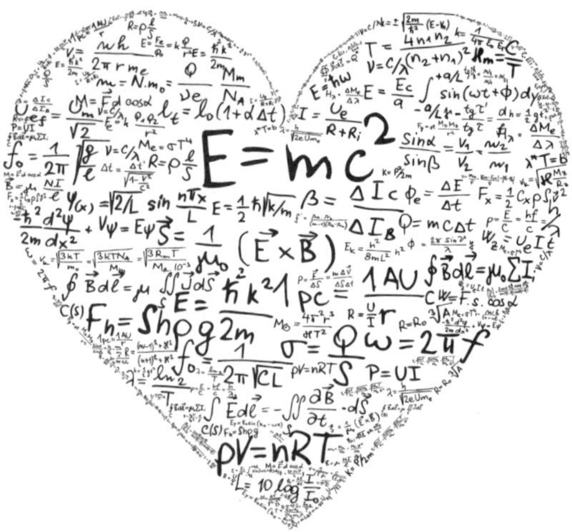

Lo slogan di questa competizione è "Logica, intuizione e fantasia", e vuole comunicare con immediatezza che i Campionati Internazionali di Giochi Matematici sono sì delle gare matematiche, ma che per affrontarle non è necessaria la conoscenza di formule o teoremi particolarmente impegnativi. Occorrono invece voglia di giocare, un pizzico di fantasia e quell'intuizione che fa capire che un problema apparentemente molto complicato è in realtà più semplice di quello che si poteva pensare.

Un gioco matematico, infatti, è un problema con un enunciato divertente e intrigante, che suscita curiosità e la voglia di fermarsi un po' a ragionare. I Campionati Internazionali di Giochi Matematici sono articolati in tre fasi: le semifinali, la finale nazionale e la finalissima internazionale. Nel mondo, negli stessi giorni e con gli stessi giochi, si cimentano oltre 200.000 partecipanti, provenienti da numerose nazioni di ben 4 continenti.

CATEGORIE

I livelli di difficoltà dei "giochi" sono previsti in funzione delle diverse categorie:

- **C1** per gli studenti di prima e seconda media;
- **C2** per gli studenti di terza media e prima superiore;
- **L1** per gli studenti di seconda, terza e quarta superiore;
- **L2** per gli studenti di quinta superiore e del primo biennio universitario;
- **GP** "grande pubblico" riservato agli adulti, dal 3° anno di Università... ai "classici" 99 anni di età.

Proviamo a risolvere qualche gioco proposto nelle passate edizioni.

IL MISTERO DELLA GRIGLIA QUADRATA

Completate la seguente operazione scrivendo le cifre mancanti nelle caselle, in modo che, alla fine, siano soddisfatte le seguenti condizioni:

- le cifre devono essere tutte diverse fra loro;
- in ogni colonna, dall'alto verso il basso, devono essere scritte in ordine crescente dalla più piccola alla più grande;
- la somma dei tre numeri deve essere 2016.

5 4 1 +

6 8 2 + ⟵ *viene richiesta solo questa riga ma per trovarla dobbiamo completare anche l'ultima riga*

7 9 3 =

2 0 1 6

UN DISPETTO

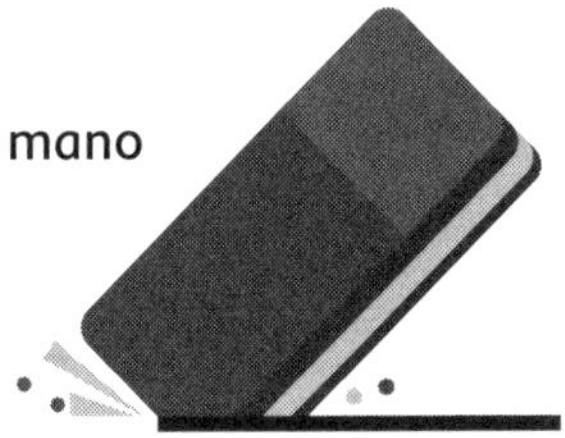

In ognuna delle tre seguenti sequenze, una mano dispettosa ha cancellato un numero:

- 3, 12, …, 30, 39, 48;
- 15, 18, …, 24, 27, 30;
- 1, 11, …, 31, 41, 51.

Attenzione, il numero mancante è sempre lo stesso.
Di quale numero si tratta?

Dobbiamo innanzitutto scoprire cosa lega le serie.
Nella **prima serie** possiamo vedere che:

- 3 + **9** = 12
- 30 + **9** = 39
- 39 + **9** = 48

Quindi il numero mancante potrebbe essere 12 + 9 = **21**

Nella **seconda serie** possiamo vedere che:

- 15 + **3** = 18
- 24 + **3** = 27
- 27 + **3** = 30

Quindi il numero mancante potrebbe essere 18 + 3 = **21**

Nella **terza serie** possiamo vedere che:

- 1 + **10** = 11
- 31 + **10** = 41
- 41 + **10** = 51

Quindi il numero mancante potrebbe essere 11 + 10 = **21**

QUALCHE GIOCO PER PASSARE IL TEMPO

1. Cruciverba

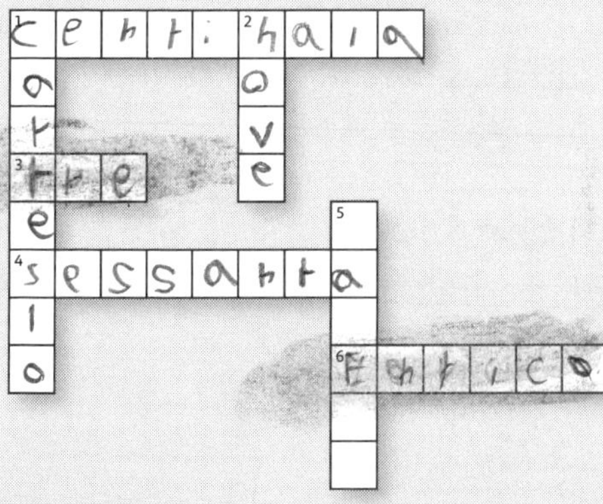

Orizzontali

1 Seguono le decine.
3 Il secondo numero primo.
4 I secondi contenuti in un minuto.
6 Enrico ha mangiato i 3/4 di una torta e Marco i 7/8 di una torta uguale. Chi ne ha mangiata di meno?

Verticali

1 Ha un diagramma che porta il suo nome.
2 Il quadrato di 3.
5 Un lato di un triangolo rettangolo.

2. L'architettura del prossimo anno

Nella costruzione triangolare che vedete in figura, i numeri scritti nei quadrati sono stati ottenuti moltiplicando quelli (misteriosi) che figurano agli estremi del lato a cui il quadrato appartiene. Sapendo che i sei numeri interi della figura sono tutti diversi tra loro e tutti maggiori di 1, quale numero dovete scrivere nel quadrato più scuro?

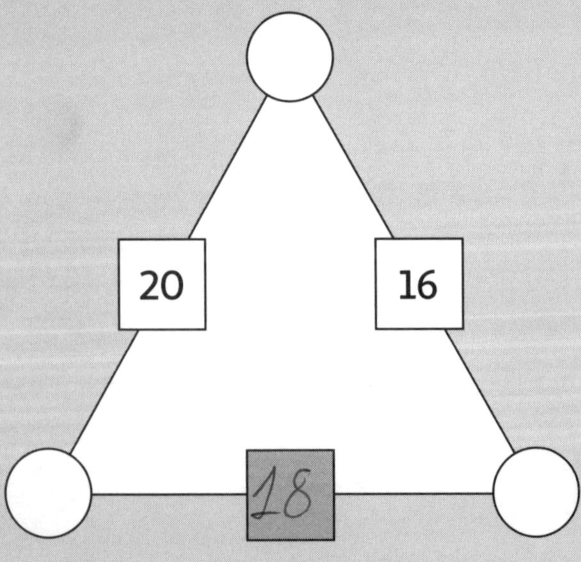

3. I fiammiferi quadrati

I dodici fiammiferi della figura formano cinque quadrati (quello grande e quattro piccoli).
Trovate un modo di spostare due di questi fiammiferi in modo che la loro disposizione formi sette quadrati.

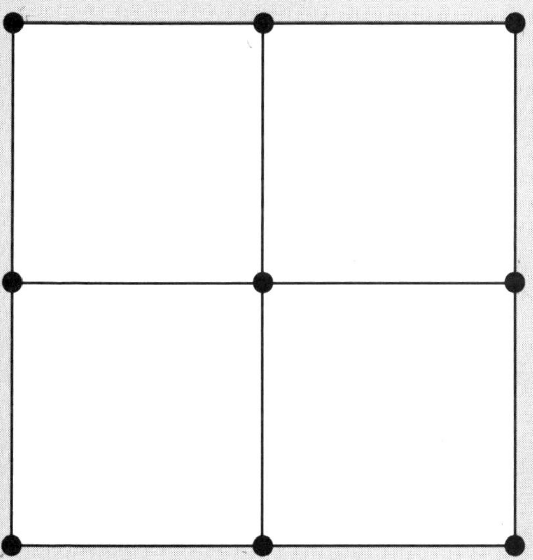

ISSEY MIYAKE

E GLI ABITI CREATI CON LA MATEMATICA

Nato nel 1938 a Hiroshima, in Giappone, nonostante abbia vissuto in prima persona l'orribile esperienza della bomba atomica, Miyake è riuscito a distinguersi nel mondo della moda grazie all'originalità delle proprie creazioni. È stato definito "architetto della moda", e la sua genialità si esprime anche in una continua ricerca di materiali ecosostenibili. Partendo da un teorema matematico, egli disegna una collezione di abiti che, come gli origami, prendono forma a partire da una superficie piana di tessuto. Proprio agli origami si ispira una delle sue ultime creazioni, ovvero la borsa Bao bao, formata da tanti piccoli triangoli che si ripiegano sui propri lati dando vita a forme ogni volta diverse, che sfruttano la brillantezza dei materiali per giocare con la luce.

FRASI CELEBRI

«Il tutto è maggiore
della somma delle sue parti.»

Aristotele

«Archimede sarà ricordato
quando Eschilo sarà dimenticato, perché
le lingue muoiono ma le idee matematiche no.
Immortalità è forse una parola ingenua ma,
qualunque cosa significhi, un matematico
ha le migliori probabilità di conseguirla.»

Godfrey Harold Hardy

I ROMANI E I LORO NUMERI

Il sistema di numerazione usato nell'antica Roma viene ancora utilizzato in alcune occasioni: per indicare i secoli o le **date** storiche, nelle **iscrizioni dei monumenti** e per esprimere i **numeri ordinali** (quelli "con il cerchiolino": 1°, 2°, 3° ecc.).
Questo sistema di numerazione viene chiamato "additivo" perché il valore di ciascun numero si ottiene sommando (o sottraendo) tutti i vari simboli affiancati che lo formano.

I simboli usati sono	**I**	**V**	**X**	**L**	**C**	**D**	**M**
Il loro valore è	**1**	**5**	**10**	**50**	**100**	**500**	**1000**
Per ottenerli alterniamo ×5 e ×2		×5	×2	×5	×2	×5	×2

Con questi pochi simboli si possono creare tutti i numeri (a parte lo zero, che non era conosciuto).

QUALCHE REGOLETTA

I simboli I, X, C, M possono venire ripetuti al massimo per tre volte, e il loro valore si somma:

I = 1	X = 10	C = 100	M = 1000
II = 2	XX = 20	CC = 200	MM = 2000
III = 3	XXX = 30	CCC = 300	MMM = 3000

Se un simbolo di valore minore viene messo **a destra** di uno di valore maggiore, il valore del minore si somma a quello del maggiore (possiamo metterne fino a tre e sommarli).
I simboli che possono essere sommati a simboli maggiori sono: I, X, C.
Vediamo come:

VI = 6 (5 + 1)	XI = 11 (10 + 1)	DC = 600 (500 + 100)
VII = 7 (5 + 1 + 1)	XII = 12 (10 + 1 + 1)	DCC = 700 (500 + 100 + 100)
VIII = 8 (5 + 1 + 1 + 1)	XIII = 13 (10 + 1 + 1 + 1)	DCCC = 800 (500 + 100 + 100 + 100)

Se, invece, un simbolo di valore minore viene messo **a sinistra** di uno di valore maggiore, si sottrae il valore minore da quello maggiore (attenzione, in questo caso se ne sottrae solo uno: non è possibile metterne due o tre e sottrarli).

I simboli che possono essere sottratti sono: I, X, C.
Vediamo come:

IV = 4 (5 – 1)	IX = 9 (10 – 1)
XL = 40 (50 – 10)	XC = 90 (100 – 10)
CD = 400 (500 – 100)	CM = 900 (1000 – 100)

Proviamo ora a scrivere qualche data:

2016 = MMXVI 2000 + 10 + 5 + 1
1939 = MCMXXXIX 1000 + 900 + 30 + 9
1861 = MDCCCLXI 1000 + 500 + 300 + 50 + 10 + 1
1492 = MCDXCII 1000 + 400 + 90 + 2

ORA PROVATE VOI

1. **Esprimete con la numerazione romana i seguenti numeri:**

17 = XVII	34 = XXXIV	63 = LXIII	75 = LXXV
88 = LXXXVIII	106 = CVI	378 = CCCLXXVIII	665 = DCLXV
729 = DCCXXIX	1245 = MCCXLV	1728 = MDCCXXVIII	

2. **Trasformate i seguenti numeri romani in numeri del sistema decimale:**

CCXX = 220	MCDXIX =	DCCIII =
MCMLXXIV =	MMXVII =	CDLXXIII =

3. **Scrivete in numeri romani le seguenti date:**

Evento	**Data**	**Data in numero romano**
Fondazione di Roma	753 a.C.	
Nascita dell'Impero romano	27 a.C.	
Rivoluzione francese	1789	
Inizio della Prima guerra mondiale	1914	
Crollo di Wall Street	1929	
Inizio della Seconda guerra mondiale	1939	
Lancio della bomba atomica a Hiroshima	1945	
Nascita della Repubblica Italiana	1946	
Crollo del muro di Berlino	1989	
Entrata in vigore dell'euro	2002	

PI GRECO

Questo famosissimo simbolo, che rappresenta la lettera P dell'alfabeto greco, viene usato per rappresentare il valore costante **3,14** che si ottiene, in un cerchio, dividendo la misura della circonferenza per quella del diametro.

$\pi = \frac{C}{d}$

$C = \pi \cdot d \to 2r$

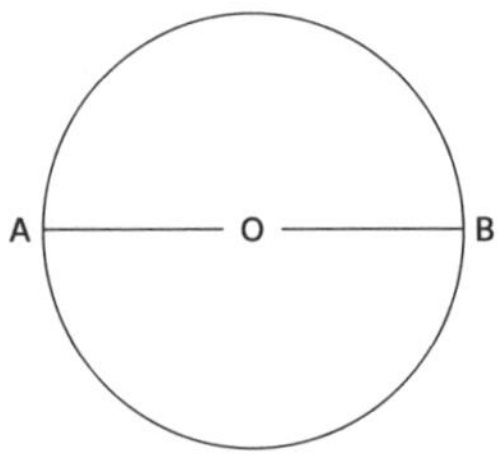

AB = diametro   AO = raggio

Il raggio è la metà del diametro.
La formula per calcolare la lunghezza della circonferenza è:

C (circonferenza) = **r** (raggio) × **2** × π

Oppure

C = **d** (diametro) × π

Se il raggio misura 15 cm, la misura della circonferenza sarà:

$C = 15 \times 2 \times \pi = 30\,\pi = 30 \times 3{,}14 = 94{,}2$ cm

Oppure

$d = 15 \times 2 = 30$ cm
$C = 30\,\pi = 30 \times 3{,}14 = 94{,}2$ cm

Quindi, se abbiamo una circonferenza che misura 94,2 cm e la dividiamo per il suo diametro, cioè 30 cm, otteniamo proprio **3,14**. Questo valore si ottiene in ogni cerchio: per questo π è detto "costante".

In realtà la questione è un po' più complicata, perché il vero valore di π non è "solo" 3,14: si tratta in effetti di un numero decimale illimitato non periodico detto **numero irrazionale**, che, in quanto tale, non può essere espresso sotto forma di frazione, cioè come quoziente di due numeri interi.

3.1415926535897932384626433832795028841971693993751058209
803482534211706798214808651328230664709384460955058223172
938521105559644622948954930381964428810975665933446128475
485669234603486104543266482133936072602491412737245870066
409171536436789259036001133053054882046652138414695194151
186117381932611793105118548074462379962749567351885752724
624406566430860213949463952247371907021798609437027705392
940513200056812714526356082778577134275778960917363717872
371050792279689258923542019956112129021960864034418159813
999983729780499510597317328160963185950244594553469083026
817101000313783875288658753320838142061717766914730359825
353787593751957781857780532171226806613001927876611195909
632788659361533818279682303019520353018529689957736225994
485724245415069595082953311686172785588907509838175463746
009848824012858361603563707660104710181942955596198946767
475346462080466842590694912933136770289891521047521620569
003558764024749647326391419927260426992279678235478163600
182974555706749838505494588586926995690927210797509302955
654991198818347977535663698074265425278625518184175746728
524919217321721477235014144197356854816136115735255213347
334547762416862518983569485562099219222184272550254256887
327917860857843838279679766814541009538837863609506800642
862694560424196528502221066118630674427862203919494504712
764657573962413890865832645995813390478027590099465764078
205224894077267194782684826014769909026401363944374553050
980919065925093722169646151570985838741059788595977297549
942774155991855925245953959431049972524680845987273644695
420516184163484756516999811614101002996078386909291603028
516709087000699282120660418371806535567252532567532861291
356222629348600341587229805349896502262917487882027342092
250391275771028402799806636582548892648802545661017296702
305371829412703369313785178609040708667114965583434347693
876871266034891390956200993936103102916161528813843790990
529763475748119356709110137751721008031559024853090669203
144773793937517034436619910403375111735471918550464490263
910722538374218214088350865739177150968288747826569959957
080053559849175417381883999446974867626551658276584835884

Le sue cifre decimali (ovvero quelle che si trovano dopo la virgola) sono effettivamente infinite: 3,141592653589793... per questo generalmente il valore viene arrotondato ai centesimi.

Attualmente il record mondiale di memorizzazione di cifre decimali di π appartiene al ventiquattrenne cinese Lu Chao, che nel giro di 24 ore e 4 minuti ha snocciolato ben 67.890 cifre (che ha imparato in circa un anno di studio).

Negli Stati Uniti si celebra ogni anno il **Pi Day**, una festa dedicata a questa costante matematica. Il giorno scelto per questa ricorrenza è il 14 marzo, in quanto secondo le convezioni statunitensi (per le quali si indica prima il mese e poi il giorno) questa data viene indicata come "3/14".
A proporre questa festa fu il fisico Larry Shaw, che per celebrare il pi greco inventò la tradizione di mangiare torte (in inglese "torta" si dice *pie*, che si pronuncia in maniera molto simile a "pi") e marciare in circolo. Nel 2009 il Congresso degli Stati Uniti passò addirittura una risoluzione non vincolante in cui riconosceva il Pi Day e invitava gli insegnanti di tutto il Paese a celebrarlo con iniziative opportune, come quella di cercare di imparare più numeri possibile dopo la virgola.

Il calcolo combinatorio

Se vediamo scritto **5!** non significa che dobbiamo esclamare a gran voce il numero 5: si tratta del metodo usato per indicare il **5 fattoriale**, ovvero il prodotto di tutti i numeri compresi tra 1 e 5:

$$5! = 5 \times 4 \times 3 \times 2 \times 1 = 120$$

In generale, il prodotto di tutti i numeri interi minori o uguali a un dato numero **n** è definito “fattoriale di n”, si scrive appunto con “n!” e indica il numero di permutazioni semplici o ordinamenti di **n** oggetti, cioè, in altri termini, in quanti modi si possono combinare in oggetti senza ripetere gli stessi elementi.

Per convenzione $0! = 1$, come anche $1^0 = 1$.

Il calcolo combinatorio è usato in matematica per studiare in quanti e in quali modi possono essere raggruppati gli elementi di un insieme. Può essere usato ad esempio per esprimere quanti numeri possiamo formare dato un certo numero di cifre, oppure per determinare tutti gli anagrammi possibili di una parola.
Facciamo un paio di esempi, basati sulla domanda: un numero **n** di oggetti, in quanti modi possono occupare **k** posti?

1. Quanti numeri posso formare usando tre cifre senza ripeterle?

   n = k = 3 (cioè n = 3, in quanto le cifre sono tre, e k = 3, perché sono sempre tre sono i posti che possono occupare)

   Per risolvere questo problema bisogna ricorrere proprio al prodotto fattoriale, che indica tutte le combinazioni possibili che i tre numeri possono creare.

   $3! = 3 \times 2 \times 1 = 6$ numeri (posso formare sei numeri)

   Proviamo con le cifre 7, 8 e 9:

789	879	978
798	897	987

2. Quanti anagrammi ci sono della parola “mare”?

n = k = 4 (la parola “mare” è formata da quattro lettere diverse fra loro, che occupano quattro caselle, pertanto sia n che k sono uguali a quattro)

Anche in questo caso è molto utile ricorrere al prodotto fattoriale, che ci indicherà il numero totale di combinazioni possibili delle quattro lettere.

$4! = 4 \times 3 \times 2 \times 1 = 24$ anagrammi

Proviamo a scriverli tutti (la maggior parte, ovviamente, sono senza senso).

mare	**arem**	**rame**	emar
maer	arme	raem	emra
mera	amer	**rema**	eram
mear	amre	ream	erma
mrea	aemr	rmae	eamr
mrae	aerm	rmea	earm

3. Quanti sono gli anagrammi possibili della parola "mamma"?

Questo caso è diverso dai precedenti perché nella parola alcune lettere si ripetono, per cui il procedimento da seguire è leggermente diverso; **n** e **k** sono sempre uguali e in questo caso pari a 5 (il numero delle lettere e delle caselle disponibili), ma occorre anche aggiungere una notazione per le lettere che si ripetono:

$r_1 = 3$ (3 lettere **m** uguali)
$r_2 = 2$ (2 lettere **a** uguali)

La formula in questo caso prevede di mettere al numeratore della frazione il fattoriale del numero totale di lettere della parola (ovvero di **n**), e al denominatore il prodotto dei fattoriali delle ripetizioni (ovvero di $\mathbf{r_1}$ e $\mathbf{r_2}$).

$$\frac{5!}{3! \cdot 2!} = \frac{5 \times 4 \times 3 \times 2 \times 1}{3 \times 2 \times 2 \times 1} = \frac{120}{12} = 10$$

Ci sono 10 anagrammi possibili.

Proviamo a scriverli:

mamma	mmmaa
mamam	ammma
maamm	ammam
mmaam	amamm
mmama	aammm

ORA PROVATE VOI

1. Quanti e quali sono gli anagrammi della parola "peso"?

n = k = ________

____ ! = ________

Gli anagrammi sono:

________	________	________	________
________	________	________	________
________	________	________	________
________	________	________	________
________	________	________	________

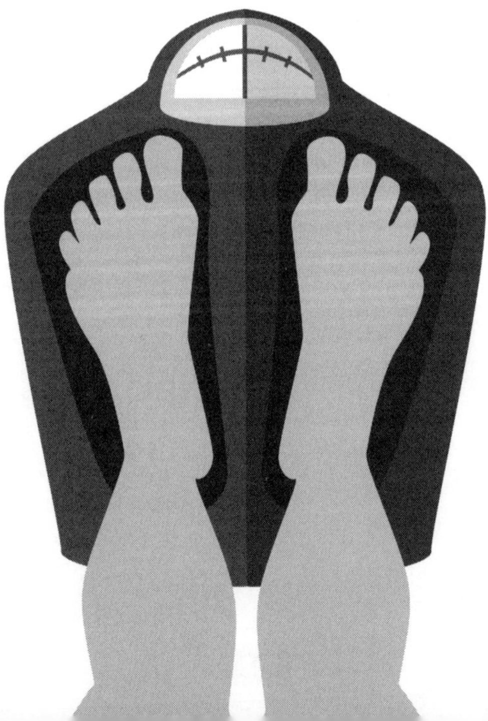

2. Quanti e quali sono gli anagrammi della parola “Roma”?

n = k = ...

......! = ...

Gli anagrammi sono:

....

....

....

....

....

3. Quanti e quali sono gli anagrammi delle parole “casa” e “osso”?

4. Usando le cifre 2, 4, 5 e 6, quanti e quali numeri potete scrivere?

PITAGORA

E UN GRANDE TEOREMA

Pitagora nacque intorno al 570 a.C. a Samo, una splendida isola del Dodecanneso.
La sua figura è avvolta dalla leggenda.
Si sa che fece numerosi viaggi in Egitto, Babilonia e India, durante i quali si arricchì di nozioni matematiche, astronomiche ma soprattutto religiose.
Contemporaneo di Buddha e Confucio, visse in un periodo in cui sia religione sia filosofia cercavano di dare risposte all'uomo in cerca di certezze, e le scienze, soprattutto la matematica, servivano a dare un ordine alle cose, inteso come mezzo per liberarsi dall'errore dell'ignoranza e avvicinarsi a Dio.
Nel 530 a.C. si stabilì a Crotone, in quella che allora era la Magna Grecia, dove fondò la Scuola Pitagorica, non molto diversa da certe comunità in voga ai giorni nostri. Essa ricordava infatti una setta religiosa, i cui membri conducevano vita comune e dovevano rispettare alcune regole, come quella di seguire un regime

alimentare vegetariano, scelto non tanto per motivi di salute, quanto per evitare di cibarsi di un animale nel quale si fosse reincarnato un conoscente o un parente: i pitagorici infatti credevano fermamente nella trasmigrazione delle anime dei trapassati in corpi di altri esseri viventi. Poco si conosce sull'operato di Pitagora in qualità di maestro della scuola pitagorica. C'è chi gli attribuisce addirittura la paternità dei termini "matematica" («ciò che si impara») e "filosofia" («amore della saggezza»); in ogni caso, secondo gli storici del tempo, fu proprio Pitagora ad avvicinare la matematica alle dimostrazioni teoriche slegandola dalla pura applicazione nella vita pratica.

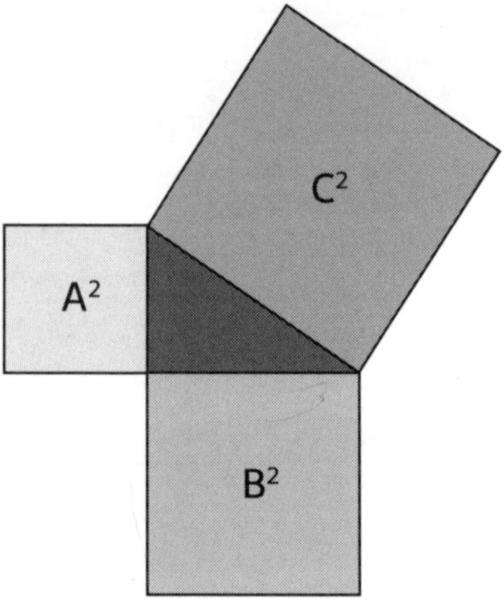

$C^2 = B^2 + A^2$

Il celeberrimo teorema di Pitagora pare abbia origini babilonesi, e che sia successivamente stato dimostrato dalla scuola pitagorica, da cui poi prese il nome.
La "classica" formulazione del teorema afferma: in un triangolo rettangolo, il quadrato costruito sull'ipotenusa equivale alla somma dei quadrati costruiti sui cateti.

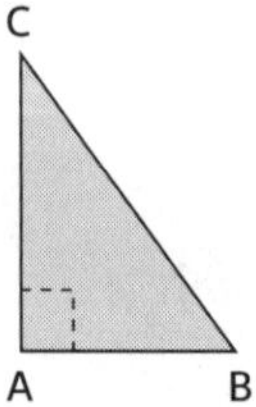

$AB^2 + AC^2 = BC^2$
AB = cateto
AC = cateto
BC = ipotenusa

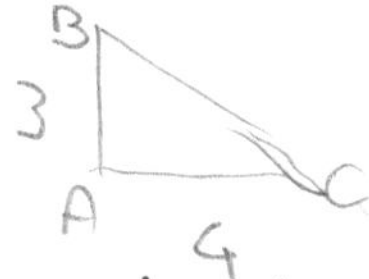

Ora proviamo con i numeri

Se AB = 3 cm e AC = 4 cm, come possiamo trovare BC (cioè l'ipotenusa)?

- $BC^2 = AB^2 + AC^2$
- $BC^2 = 3^2 + 4^2 = 9 + 16 = 25$
- $BC = \sqrt{25} = 5$ cm

Possiamo anche scrivere così:

- $BC = \sqrt{AB^2 + AC^2}$

Se invece vogliamo ottenere la misura di uno dei cateti, conoscendo il valore dell'altro cateto e dell'ipotenusa, ecco come procedere:

- $AB = \sqrt{BC^2 - AC^2}$

- $AC = \sqrt{BC^2 - AB^2}$

- $AB = \sqrt{5^2 - 4^2} = \sqrt{25 - 16} = \sqrt{9} = 3$ cm
- $AC = \sqrt{5^2 - 3^2} = \sqrt{25 - 9} = \sqrt{16} = 4$ cm

Anche nella moda c'è matematica

Nel 1995 i gemelli canadesi Dean e Dan Caten hanno fondato in Italia la casa di moda Dsquared^2. In inglese il termine *squared* vuol dire «al quadrato», pertanto il nome Dsquared^2 non significa altro che "D al quadrato", a indicare la doppia D delle iniziali dei due stilisti (per dirla in termini matematici, il prodotto di **D**ean × **D**an è uguale a **D**^{2}). Dsquared^2 ha vestito molte celebrità, tra cui Madonna, Christina Aguilera, Laura Pausini e Rihanna, inoltre dal 2006 al 2010 ha realizzato le divise ufficiali della Juventus, e dal 2009 al 2011 quelle del Barcellona. Il loro motto è "Born in Canada, living in London e made in Italy".

In matematica elevare al quadrato significa moltiplicare un numero per se stesso:

- **$3 \times 3 = 3^2$** (tre alla seconda o tre al quadrato)

Si dice "al quadrato" perché è come immaginare di calcolare l'area di un quadrato avente ciascun lato che misura 3:

- Area quadrato = lato × lato = $3 \times 3 = 3^2$

UN RICHIAMO ALLE POTENZE

$3^2 = 9$

- 3 = base
- 2 = esponente
- 9 = potenza

Con la calcolatrice possiamo calcolare le potenze in diversi modi:

a) Possiamo premere il tasto 3, il ×, poi ancora il 3 e l'uguale.

b) Possiamo premere il tasto 3, il × e direttamente l'uguale; in questo modo, ogni volta che premiamo l'uguale troviamo la potenza successiva.

Es. 3 × = 9 (3^2)
3 × = = 27 (3^3)
3 × = = = 81 (3^4)
e così via.

c) In alcune calcolatrici è presente il tasto **x^y**, che permette di calcolare subito la potenza con base **x** ed esponente **y**.

ARNALDO POMODORO

E LE SCULTURE GEOMETRICHE

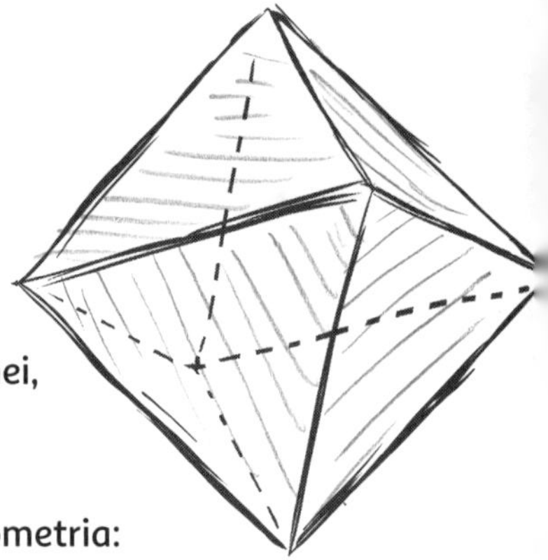

Arnaldo Pomodoro,
nato a Morciano di Romagna nel 1926, è uno dei più grandi e conosciuti scultori contemporanei, nonché fratello di Giò Pomodoro, anch'egli noto scultore.
Nella sua opera predomina la geometria: ogni sua forma tende alla perfezione dei solidi euclidei (il cubo, il cono, il parallelepipedo, il cilindro, la sfera), che squarcia rompendo la continuità delle superfici con l'intento di mostrare la fragilità che racchiudono.

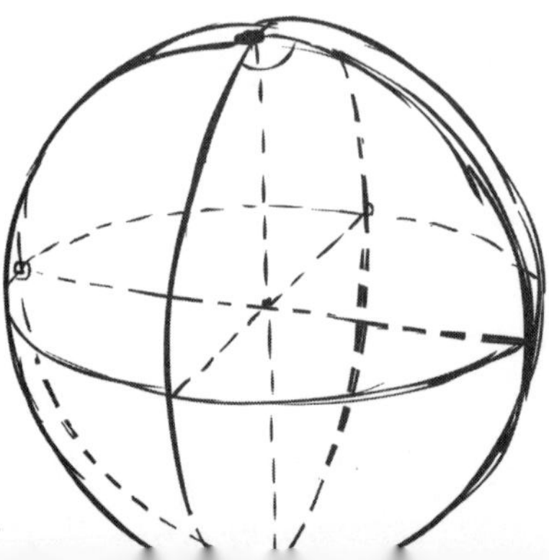

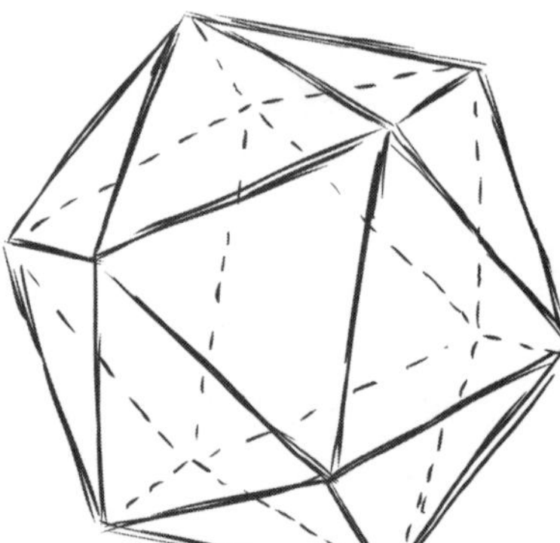

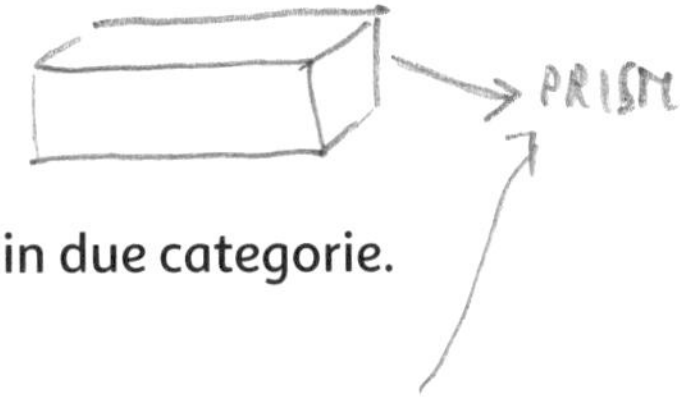

I SOLIDI GEOMETRICI

I solidi geometrici possono essere divisi in due categorie.

1. **I poliedri**
   Un poliedro (dal greco *polys*, «molto», e *edra*, «faccia») è un solido delimitato da poligoni detti facce.
   Appartengono alla categoria dei poliedri i prismi (come per esempio il parallelepipedo e il cubo), le piramidi e i poliedri regolari.

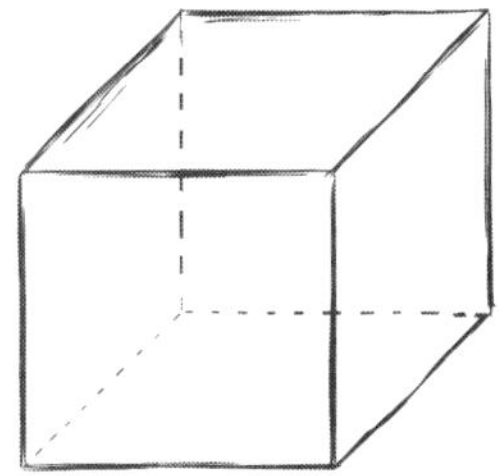

2. **I solidi di rotazione**
   I solidi di rotazione, come per esempio il cilindro, il cono e la sfera, si ottengono dalla rotazione di 360° di una figura piana attorno a uno dei suoi lati.

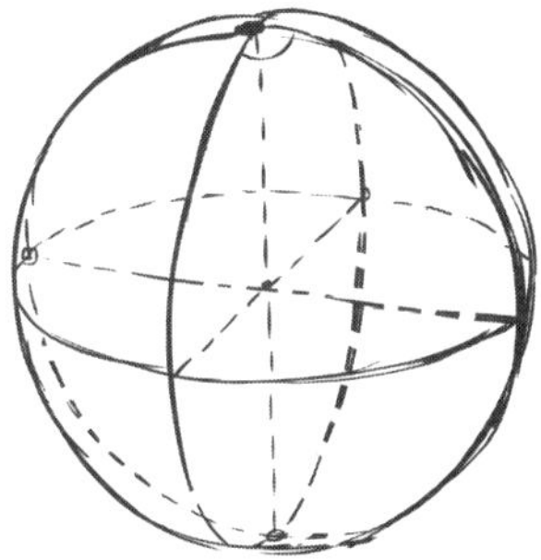

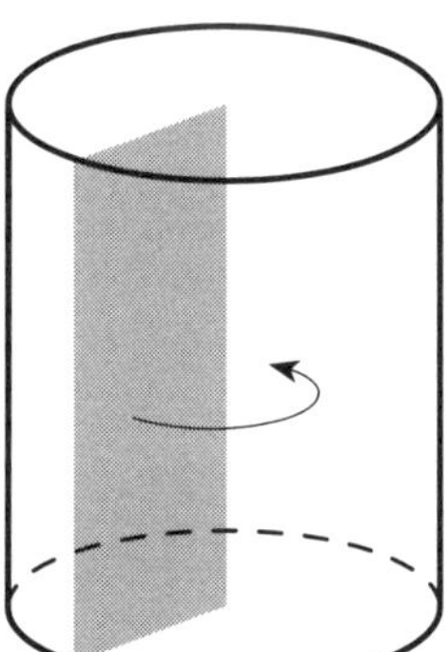

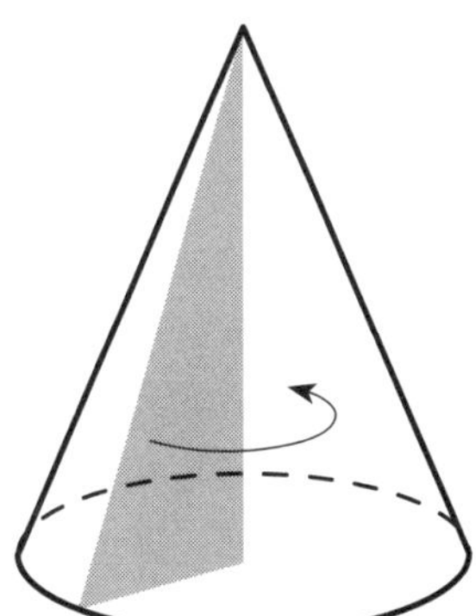

La numerologia

La numerologia è lo studio della relazione tra i numeri e gli oggetti che ci circondano o gli avvenimenti che ci accadono.
Pitagora (*vedi* pp. 34-37) è considerato uno dei fondatori della numerologia: con il suo motto "tutto è numero" mise per primo la matematica alla base della realtà.
L'ordine, secondo Pitagora, veniva creato dal caos attraverso i numeri. I pitagorici, inoltre, si servivano della numerologia

per descrivere gli eventi che accadevano e fare delle previsioni per il futuro.
Qualche secolo più tardi, sant'Agostino scrisse: «I numeri sono il linguaggio universale offerto dalle divinità agli umani come riconferma della verità». Come Pitagora, egli credeva che tutto fosse regolato dai numeri, e che fosse compito della mente captare i segreti che essi nascondevano e le relazioni che avevano con gli eventi quotidiani.

Oggi la numerologia è considerata una cosiddetta “pseudoscienza”, al pari dell’astrologia.
Secondo le teorie della numerologia, a ogni lettera è assegnato un numero compreso tra 1 e 9.
Si può, per esempio, calcolare il numero corrispondente al nome e al cognome di una persona usando questa tabella:

1	**2**	**3**	**4**	**5**	**6**	**7**	**8**	**9**
A	B	C	D	E	F	G	H	I
J	K	L	M	N	O	P	Q	R
S	T	U	V	W	X	Y	Z	

Ad **Andrea Bianchi** corrisponderà:

A	N	D	R	E	A	B	I	A	N	C	H	I
1	5	4	9	5	1	2	9	1	5	3	8	9

Sommando tutti i numeri, avremo:

- Nome = 25
- Cognome = 37
- Totale 25 + 37 = 62

Semplificando ulteriormente si ottiene 6 + 2 = 8, che viene considerato dalla numerologia il “numero dell’io”.

È possibile costruire una carta numerologica trasformando in numeri il nome, il cognome e la data di nascita e riducendoli sempre a un'unica cifra. In questo modo è possibile ottenere:

- il **numero dell'anima**: la somma dei numeri corrispondenti alle sole vocali del nome e del cognome, che indica la componente più intima del carattere;
- il **numero della persona**: la somma dei numeri corrispondenti alle sole consonanti del nome e del cognome, corrisponde alla "maschera sociale" con cui ci si copre per proteggere la nostra anima dal mondo esterno;
- il **numero dell'io**: la somma di tutte le lettere del nome e del cognome, corrisponde alla personalità, indica i tratti del carattere e la predisposizione al lavoro;
- il **numero del destino**: la somma dei numeri che compongono la data di nascita, indica la strada da percorrere per realizzare il proprio progetto di vita.

Per l'interpretazione di questi numeri sono necessarie opportune tabelle che ci indicheranno il nostro **archetipo**.

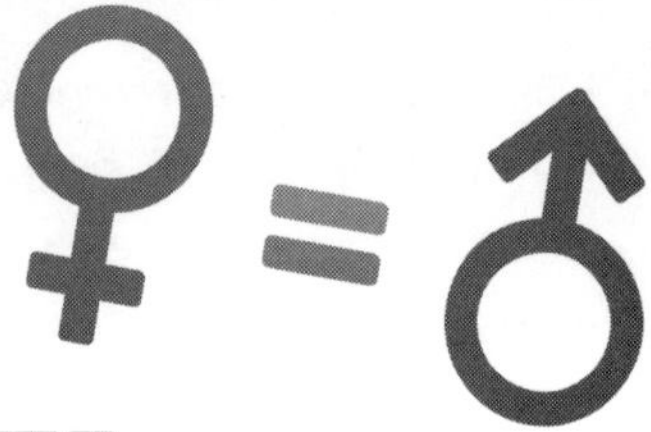

SFATIAMO I PREGIUDIZI

«Le bambine sono portate per la matematica come i maschietti»: così afferma Carlo Tomasetto, professore di Psicologia dello sviluppo e dell'educazione all'università di Bologna, infrangendo un pregiudizio molto diffuso secondo il quale i maschi vengono ritenuti più portati per la matematica rispetto alle femmine.
In realtà questo dipende in gran parte dalle aspettative dei genitori, che stimando più idoneo il figlio maschio per una carriera con i numeri, influenzano in questo modo l'autostima delle figlie femmine. La stessa storia della matematica, al contrario di quello che si potrebbe pensare, non è stata scritta solo dagli uomini: ecco due celebri matematiche attualissime, belle e intelligenti.

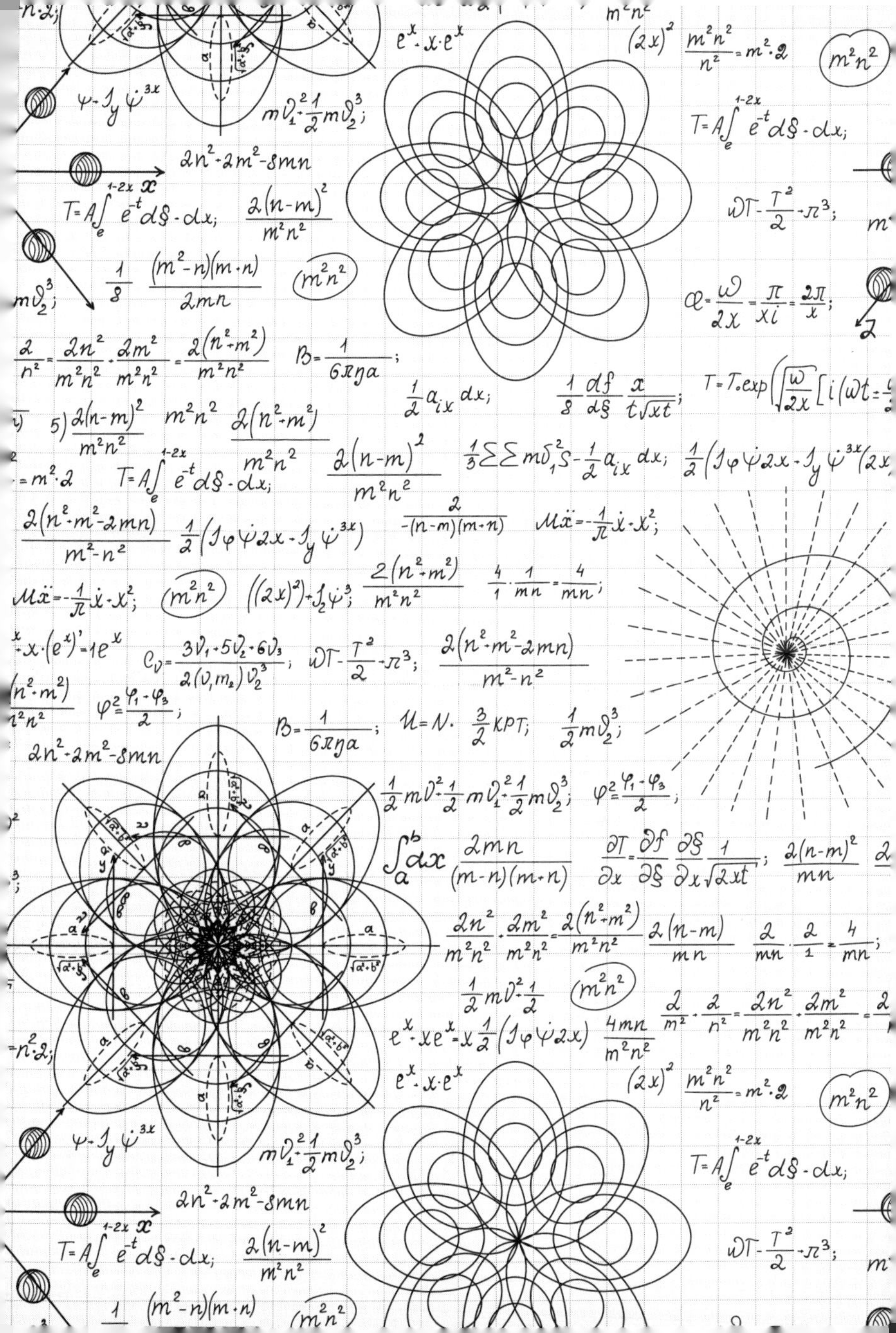

2n²-2m²-8mn
T=A∫ e^-t d§-dx;
2(n-m)²/m²n²
(m²-n)(m+n)/2mn
m²n²
2/n² = 2n²/m²n² + 2m²/m²n² = 2(n²+m²)/m²n²
B = 1/6πηa;
1/2 a_ix dx;
1/8 df/d§ x/t√xt;
ωT - T²/2 - π³;
2(n²-m²-2mn)/m²-n²
Mẍ = -1/π ẋ - x²;
4/1 · 1/mn = 4/mn;
C_v = 3V₁+5V₂+6V₃ / 2(V,m₂)V₂³;
φ² = φ₁-φ₃ / 2;
U = N · 3/2 KPT;
1/2 mV²
∂T/∂x = ∂f/∂§ ∂§/∂x 1/√2xt;
2/mn · 2/1 = 4/mn;
eˣ - x·eˣ
(2x)² m²n²/n² = m²·2

IPAZIA D'ALESSANDRIA

Ipazia nacque intorno al 370 d.C. ad Alessandria d'Egitto e venne avviata dal padre, Teone di Alessandria, allo studio della matematica, della geometria e dell'astronomia.
Bella, intelligente, gentile e benvoluta, la sua principale attività fu la divulgazione del sapere matematico, geometrico e astronomico, tanto che succedette al padre come insegnante presso il Museo di Alessandria d'Egitto.
Ipazia visse in un'epoca in cui le donne erano considerate nettamente inferiori rispetto agli uomini, ma grazie alle sue spiccate doti riuscì ugualmente a radunare folle di persone che giungevano da lontano per ascoltare le sue lezioni di fisica, matematica, filosofia e astronomia.
La sua fama è legata anche alla sua tragica morte, avvenuta nel 415 d.C. per mano di un vescovo cristiano che, mal sopportando il successo della ragazza, con la scusa di combattere i rappresentanti della scienza per il loro razionalismo inconciliabile con la religione, organizzò insieme a un gruppo di fedeli un agguato.
Una sera, mentre Ipazia faceva ritorno a casa, venne tirata giù dal carro sul quale viaggiava, trascinata fino a una chiesa e fatta letteralmente a pezzi. Le varie parti smembrate del suo corpo furono addirittura date alle fiamme affinché di lei non rimanesse alcuna traccia.

SOF'JA KOVALEVSKAJA

Sof'ja Vasil'evna Kovalevskaja nacque a Mosca il 15 gennaio 1850. Il nonno Fyodor Fyodorovich Schubert, generale di fanteria, era un noto matematico, mentre il bisnonno era stato un astronomo molto famoso. Incominciò a prendere lezioni di matematica all'età di 8 anni. Nel 1866 si recò per la prima volta all'estero, successivamente si trasferì a San Pietroburgo e frequentò lezioni private di analisi matematica. A 18 anni si sposò per poter accedere all'università tedesca di Heidelberg, dato che le donne potevano frequentare gli atenei universitari solo con il permesso del padre o del marito (ma in ogni caso era loro proibito laurearsi).
Fu subito notata dagli insegnanti per le sue spiccate doti matematiche e, dopo diversi spostamenti in varie università, ottenne un dottorato in matematica (la prima donna in Europa a farlo) e la pubblicazione del suo teorema, noto come Teorema di Cauchy-Kovalevsky, nel 1875.
Dopo la morte del marito si trasferì con la figlia a Stoccolma e cambiò nome in Sonia Kovalevskij. Poco dopo ottenne una cattedra presso l'università della capitale svedese, diventando in questo modo la prima donna professore di matematica.

UN PO' DI NUMERONI

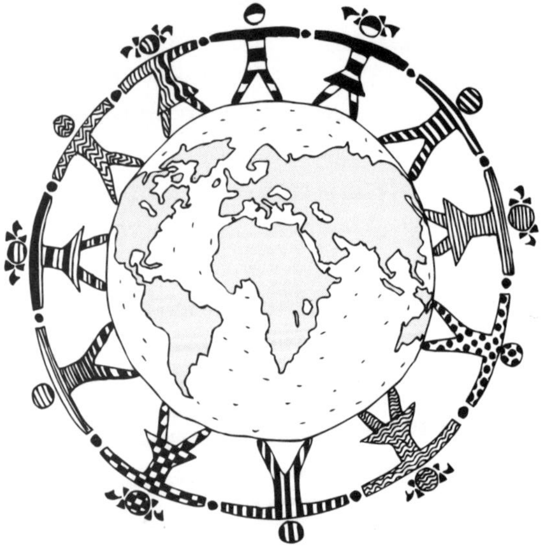

L'11 luglio 1987 è stata una data storica per l'umanità: per la prima volta la popolazione mondiale ha superato la soglia dei **5 miliardi** di individui. Due anni dopo, il Fondo delle Nazioni Unite per la Popolazione fissò proprio l'11 luglio la **Giornata Mondiale della Popolazione**, un appuntamento annuale per fare il punto sulle tendenze demografiche e di sviluppo. A gennaio 2017 la stima è che al mondo ci siano ben **7,48 miliardi** di persone.

Le cellule del nostro corpo sono circa
100 mila miliardi.
La maggior parte delle nostre cellule ha meno di 10 anni. Ma allora dovremmo essere sempre giovani? Purtroppo non tutte si rinnovano: quelle della nostra corteccia cerebrale, per esempio, non lo fanno.

Ogni giorno, in un essere umano adulto muoiono da 50 a 100 miliardi di cellule. In un anno la quantità di cellule ricambiate è pari alla massa del corpo stesso.

Gli scienziati stanno ancora dibattendo se l'universo sia infinito o meno... di certo per noi è incredibilmente grande!
La Via Lattea, la nostra galassia, pare contenga 400 miliardi di stelle.
Nell'universo osservabile si stima che ci possano essere 170 miliardi di galassie.
L'universo osservabile può essere immaginato come una sfera con un raggio di 45,7 miliardi di anni luce (circa, naturalmente).
La velocità della luce è pari a circa 300.000 km al secondo.
Un anno luce (ovvero la distanza percorsa dalla luce in un anno) corrisponde a circa 9.500 miliardi di chilometri.
L'età dell'universo è stata recentemente stimata attorno ai 13,8 miliardi di anni.

Scrivere i numeri molto grandi e molto piccoli

Per evitare di scrivere per intero i numeri molto grandi (quelli che terminano con tanti zeri) o quelli molto piccoli (che hanno tanti zeri dopo la virgola), si usa la cosiddetta **notazione scientifica**:

$k \times 10^n$

- k = numero compreso tra 1 e 10 (può essere 1 ma non 10, cioè $1 \leq k < 10$)
- 10^n = potenza di 10 ($10^2 = 100$; $10^3 = 1000$; $10^{-2} = 0{,}01$; $10^{-3} = 0{,}001$ ecc.)

Ecco alcuni esempi:

12.000 = 1,2 × 10⁴

10^4 = 10.000   Ogni potenza di 10 si ottiene mettendo un 1 seguito da tanti zeri quanti ne indica l'esponente.
Se moltiplichiamo 1,2 × 10.000 dobbiamo spostare la virgola verso destra di quattro posti, dato che ci sono quattro zeri in 10.000.
Con il primo spostamento la virgola va spostata dopo il 2; gli altri tre posti si pareggiano mettendo degli zeri.

$1{,}2 \times 10^4 = 1{,}2 \times 10.000 =$ 12.000

↓↓↓↓

1234

5.340.000.000 = $5{,}34 \times 10^9$
Se si moltiplica 5,34 per 1.000.000.000 occorre spostare la virgola di nove posizioni, di cui due portano a 534 e le altre sette si pareggiano mettendo degli zeri.

0,00000007 = 7×10^{-8}
Se si moltiplica 7 per 0,00000001 ci si deve spostare verso sinistra di otto posizioni, contando da 7.

0,0327 = $3{,}27 \times 10^{-2}$
Se si moltiplica 3,27 per 0,01 ci si deve spostare verso sinistra di due posizioni, ottenendo 0,0327.

QUALCHE GIOCO PER PASSARE IL TEMPO

GIOCHIAMO CON LA NOTAZIONE SCIENTIFICA

1. Scrivete i seguenti numeri in notazione scientifica:

a) 6.500.000 = ___________
b) 182.000 = ___________
c) 13.875.000 = ___________
d) 0,00000038 = ___________
e) 0,000284 = ___________
f) 0,006 = ___________

2. Scrivete per esteso i seguenti numeri espressi in notazione scientifica:

a) 7×10^5 = ___________
b) $8{,}45 \times 10^7$ = ___________
c) $9{,}832 \times 10^9$ = ___________
d) 423×10^{-2} = ___________
e) $8{,}65 \times 10^{-4}$ = ___________
f) $0{,}3 \times 10^{-6}$ = ___________

3. Saturno ruota attorno al Sole compiendo un'orbita ellittica di circa 9×10^9 km. Sapendo che viaggia a una velocità media di 9 km/s, quanti anni impiegherà a compiere l'intera orbita?

a) Circa 300 anni.
b) Circa 10 anni.
c) Circa 30 anni.
d) Circa 100 anni.

4. Completate la seguente tabella.

Grandezza	Valore in forma estesa (in metri)	Valore in notazione scientifica (in metri)
Unità di misura		
1 pm (picometro, l'unità di misura dei raggi X)		10^{-12}
1 nm (nanometro, l'unità di misura dei batteri)	0,000000001	10^{-9}
1 μm (micrometro, l'unità di misura dello spessore dei capelli)	0,000001	
1 Gm (gigametro)		10^{9}
Misure di grandezze		
Diametro del Sole	1.390.000.000	
Raggio medio della Terra		$6{,}37 \times 10^{6}$
Diametro di un globulo rosso	0,000007	
Distanza percorsa dalla luce in 1 secondo	300.000.000	
Distanza media tra la Terra e il Sole		$1{,}5 \times 10^{11}$
Diametro di una molecola d'acqua	0,00000000024	

FRASI CELEBRI

«A volte sono le persone
che nessuno immagina che possano
fare certe cose, quelle che fanno cose
che nessuno può immaginare.»

Alan Turing

«Da quando
i matematici
hanno invaso
la mia teoria
della relatività,
nemmeno io
la capisco più.»

Albert Einstein

«La matematica
è l'alfabeto nel quale Dio
ha scritto l'universo.»

Galileo Galilei

La matematica per rimanere in forma

In fisica la caloria (cal) è l'unità di misura del calore, e viene definita come la quantità di energia necessaria per aumentare di 1 °C la temperatura di 1 grammo di acqua.
Le unità di misura del dietologo sono:

- cal (detta "piccola caloria")
- kcal (detta "grande caloria") = 1.000 cal

Quando parliamo delle calorie possedute dai cibi intendiamo la quantità di energia che ci forniscono quando li assumiamo.

Una distinzione importante: quasi sempre sulle etichette degli alimenti vengono indicate le **kilocalorie** (non le calorie) riferite a 100 g di prodotto.

Sulla maggior parte dei cibi confezionati è presente una tabella nella quale sono indicati gli apporti calorici di quello specifico alimento. Per uno stesso alimento, però, i dati possono differire lievemente da tabella a tabella a causa dei diversi prodotti presi in considerazione. Se per esempio in una tabella alla voce "farina" troviamo un valore nutrizionale mentre in un'altra tabella alla stessa voce ne troviamo un altro, questo non vuol dire che una delle due tabelle è sbagliata, ma solo che sono stati presi in considerazione due tipi di farine diverse.

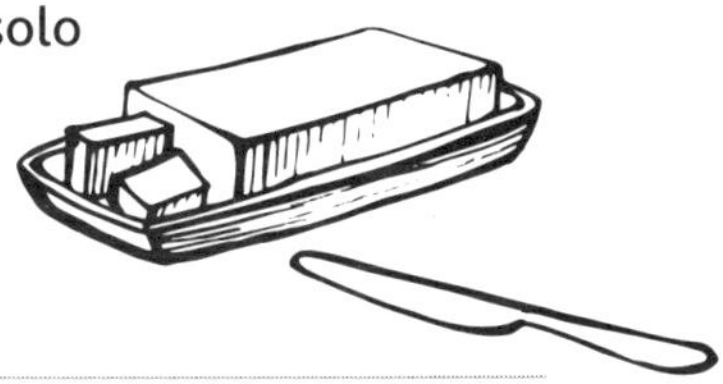

Esempio di tabella nutrizionale

Alimenti (100 g)	**Kcal**	**Zuccheri (g)**	**Proteine (g)**	**Grassi (g)**
Latte intero	71	5	3,5	4
Pane comune	290	61	8	0,5
Burro	760		0,8	83,5
Pasta di semola	377	82	10,8	0,3
Patate	85	16,5	2	1
Carne magra	116		20	4
Salame	420	1,2	21,7	37

Un uomo di corporatura media deve assumere circa 2.400 kcal al giorno (3.500 se fa attività fisica), una donna da 1.800 a 2.200.

Il fabbisogno giornaliero di calorie può essere calcolato in maniera più precisa per ciascuno usando specifiche tabelle, nelle quali sono riportati i valori (che variano in base al sesso, all'età e al peso) del proprio **metabolismo basale** (ovvero il consumo energetico a riposo), a cui bisogna aggiungere i **valori delle varie attività svolte** nell'arco della giornata (lavoro in ufficio, attività in casa, spostamenti ecc.). Per non ingrassare non si devono assumere più calorie di quelle che il nostro corpo brucia ogni giorno.

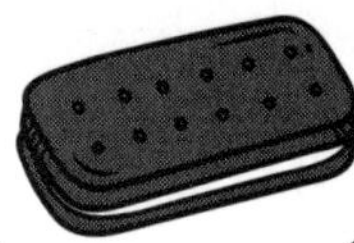

IMPARIAMO A CALCOLARE LE CALORIE

I biscotti al cioccolato apportano 460 kcal per 100 g. Se mangiamo 30 grammi di biscotti, quante calorie introduciamo? Il calcolo da fare è il seguente:

$$460 : 100 = x : 30$$

Si tratta di una semplice proporzione, che si legge: "460 sta a 100 come x (che è il valore che dobbiamo trovare) sta a 30". Il valore della x si ricava moltiplicando tra loro gli estremi della proporzione e dividendo il prodotto per il valore medio conosciuto:

$$x = \frac{460 \times 30}{100} = 138 \text{ kcal}$$

Spesso, nelle tabelle stampate sulle confezioni degli alimenti compaiono sia i valori nutrizionali per 100 g di prodotto che quelli di una singola unità (per esempio un biscotto).

ORA PROVATE VOI

1. Per fare una torta occorrono:

300 g di farina di grano tenero	345 kcal/100 g	________
2 uova	80 kcal/1 uovo	________
80 g di burro	750 kcal/100 g	________
30 ml di latte parzialmente scremato	47 kcal/100 ml	________
60 g di zucchero	392 kcal/100 g	________

Quale sarà l'apporto calorico totale della torta?

2. Qual è il pasto più calorico?

- **Pasto a:**
  80 g pasta di semola
  condita con 30 g di burro
  120 g di bistecca magra
  30 g di patate lesse

- **Pasto b:**
  108 g di pane
  80 g burro
  60 g salame

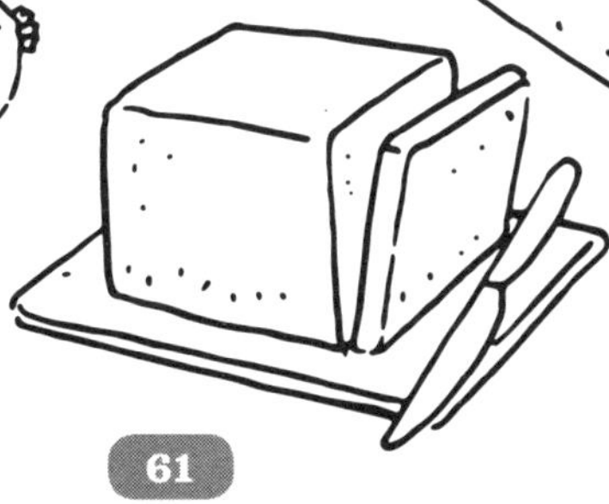

Il padre persiano dell'algebra

Muhammad ibn Musa al-Khwarizmi fu responsabile della biblioteca di Baghdad nota come "Casa del sapere", voluta dal califfo al-Ma'mum che regnò in quelle terre dall'809 al 833. Dopo la diffusione dell'Islam nelle regioni della Mesopotamia e della Persia, Baghdad divenne un importante polo scientifico, meta di molti scienziati provenienti dalla lontana Cina e dall'India.
Al-Khwarizmi scrisse parecchi libri; uno dei più celebri, tradotto in latino come *Algoritmi de numero indorum*, fece giungere fino in Europa il sistema di numerazione che usiamo tutt'oggi e che molti ritengono di origine araba proprio perché introdotto da un arabo, ma che in realtà è di origine indiana. A lui si deve anche l'introduzione del numero zero, usato dagli indiani e da loro chiamato *sunya*, cioè «assenza di qualsiasi cosa».

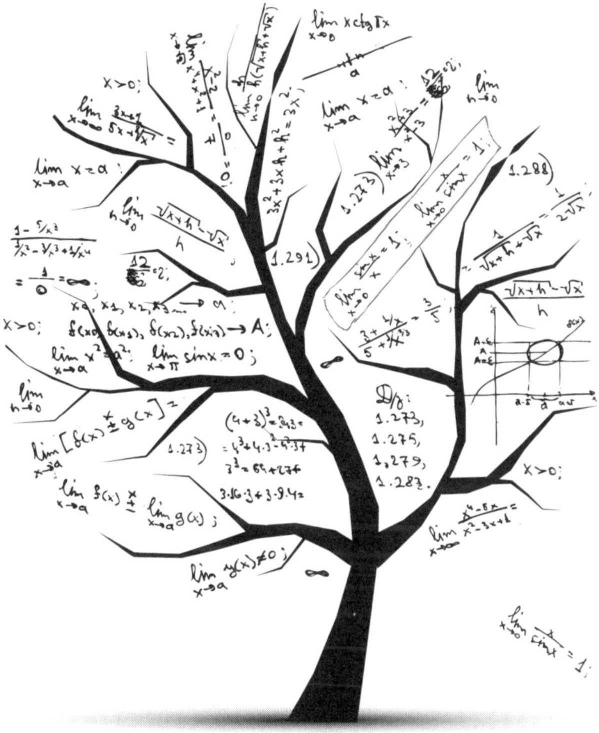

Sempre ad al-Khwarizmi siamo debitori per la parola "algebra", *al-jabr*, che utilizzava nel significato matematico di "completare, aggiustare", in riferimento alle operazioni necessarie per risolvere le equazioni di primo e secondo grado di cui parla nel libro *Al-jabr wa'l muqabalah*. Per questo viene ancora oggi considerato il padre dell'algebra. Concludiamo con una chicca: la parola "algoritmo" non è altro che la latinizzazione del suo nome!

SAPETE LEGGERE UN ISTOGRAMMA?

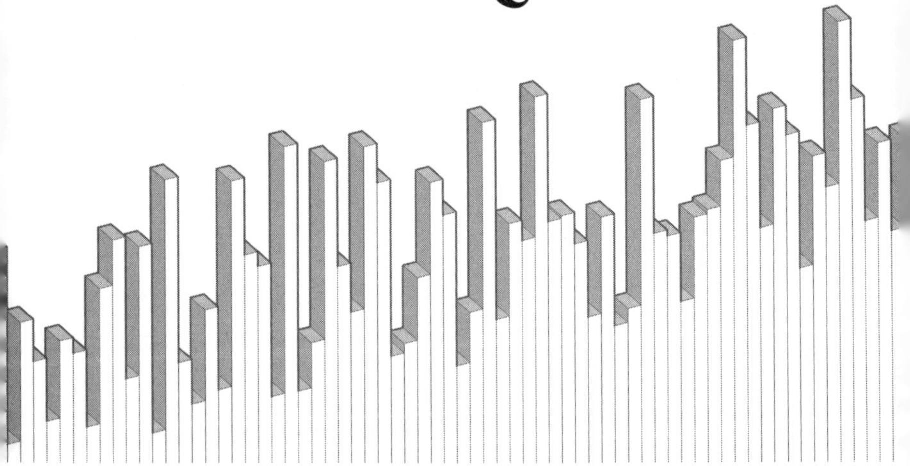

Le rappresentazioni grafiche vengono usate per semplificare la lettura di una tabella di dati e per avere una visione immediata dei valori in esame. Esistono diversi tipi di rappresentazioni grafiche, una di quelle più usate in statistica è l'**istogramma**.
Si tratta di un grafico formato da rettangoli con basi uguali che indicano l'ampiezza della classe statistica da rappresentare e le cui altezze sono proporzionali alla frequenza con cui ricorre il dato preso in considerazione.

Facciamo un esempio: quanto sono alte le ragazze a 15 anni? Simuliamo un'indagine statistica relativa alle altezze di un campione di 65 ragazze di 15 anni.

Classi di statura (5 cm)	**Frequenza numero di ragazze**
140-144	3
145-149	7
150-154	12
155-159	19
160-164	8
165-169	10
170-174	6

Le classi di statura hanno tutte la stessa ampiezza (5 cm), per questo le basi dei rettangoli nel grafico finale saranno tutte lunghe uguali. Le altezze dei rettangoli, invece, sono proporzionali al numero delle ragazze appartenenti a ciascuna classe di statura.

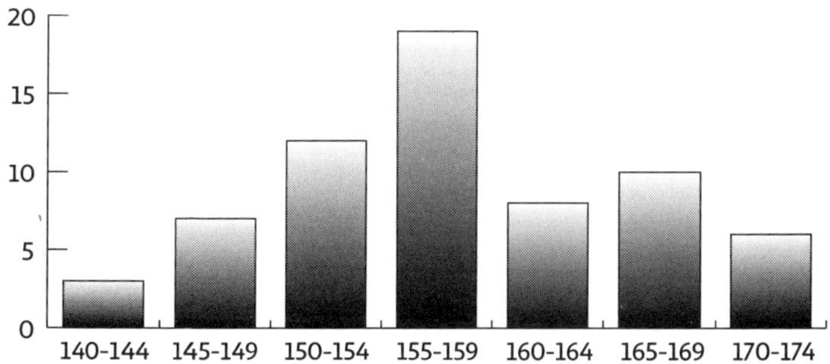

QUALCHE GIOCO PER PASSARE IL TEMPO

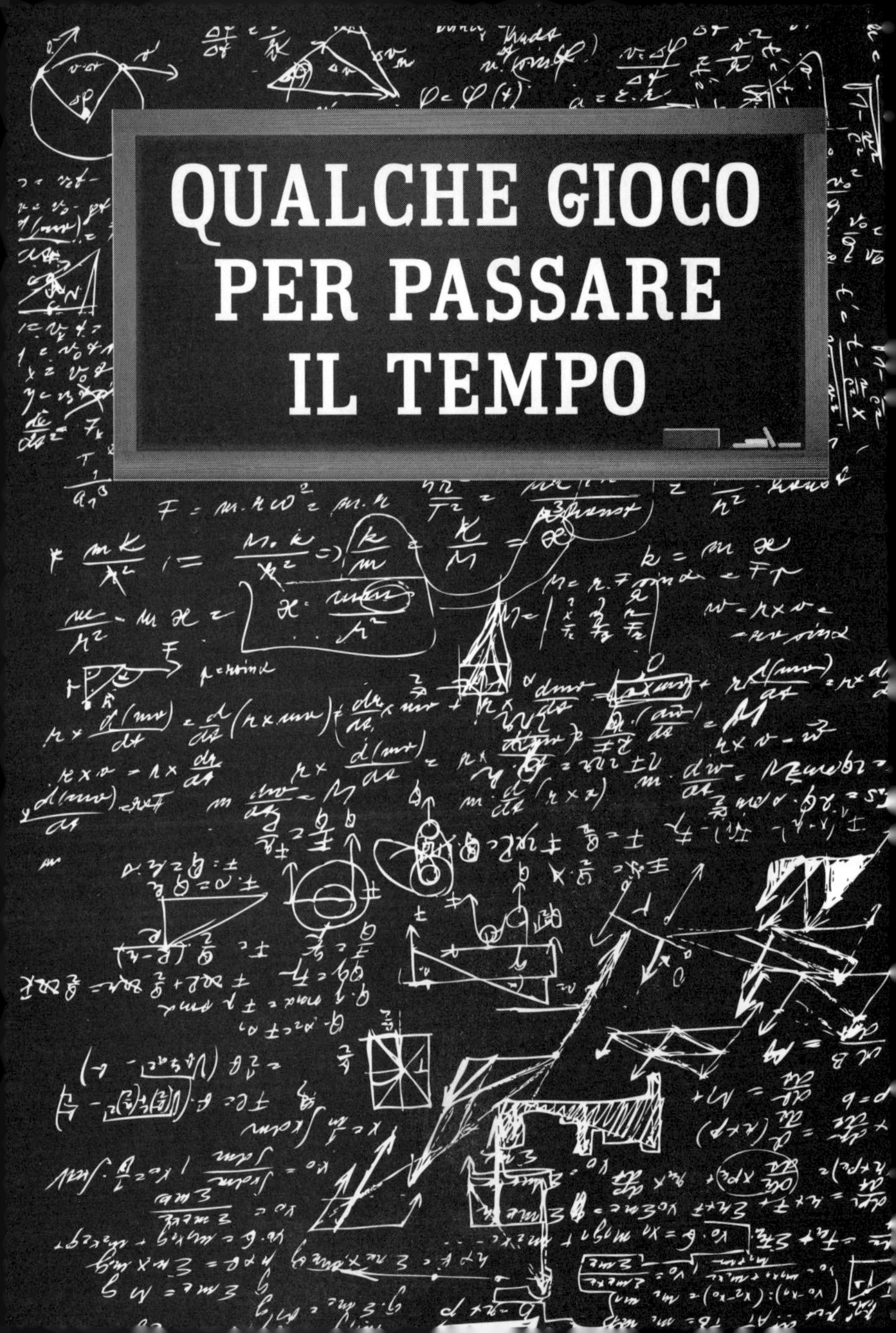

① S+D = x 75+15 = 90 : 2 = 45
S−D = y 75−15 = 60 : 2 = 30

QUALCHE INDOVINELLO MATEMATICO

1. La somma delle età di Francesca e Paolo è 75 e la loro differenza è 15. Quanti anni hanno Francesca e Paolo sapendo che Francesca è la maggiore?

2. La nonna di Andrea dice: «15 anni fa la somma delle nostre età era di 60 anni e tu avevi 1/11 della mia età». Quanti anni hanno oggi Andrea e la nonna?

3. Giovanni ha 6 anni più di Federica. Tra 4 anni l'età di Giovanni sarà il doppio di quella di Federica. Quanti anni hanno Giovanni e Federica?

x y

Questi sono famosi:

4. Un mattone pesa 1 kg + mezzo mattone. Quanto pesa il mattone?

5. In un cortile ci sono sia polli che conigli, e in totale ci sono 40 teste e 130 zampe. Quanti sono i polli e quanti i conigli?

6. In una famiglia di 4 persone il padre e la madre hanno la stessa età, che è tripla di quella del figlio; la figlia è nata 5 anni dopo il figlio. Sapendo che fra 2 anni la somma di tutte le loro età sarà 83, quanti anni hanno oggi i quattro componenti della famiglia?

QUEL GRAN GENIO DI

CARTESIO

René Descartes, più conosciuto con il nome italianizzato di **Cartesio**, fu un filosofo e matematico francese, nato il 31 marzo del 1596 a La Haye, un comune della valle della Loira che oggi, proprio in onore del suo più celebre cittadino, ha cambiato il proprio nome in Descartes.
Il giovane Cartesio, a causa delle sue precarie condizioni di salute, iniziò gli studi in casa con un precettore privato; era infatti un bambino debole e malato, e nessuno avrebbe potuto immaginare chi sarebbe diventato.
A undici anni entrò nel collegio dei Gesuiti, dove seguì studi teologico-filosofici che all'inizio non soddisfacevano appieno il bisogno di certezze che a parer suo solo la matematica e la logica potevano assicurare.
Solo qualche anno più tardi Cartesio si rese conto che proprio gli studi filosofici gli avevano dato la giusta formazione per poter svolgere ricerche nel campo scientifico; nel 1637 pubblicò in forma anonima quella che sarà la sua opera

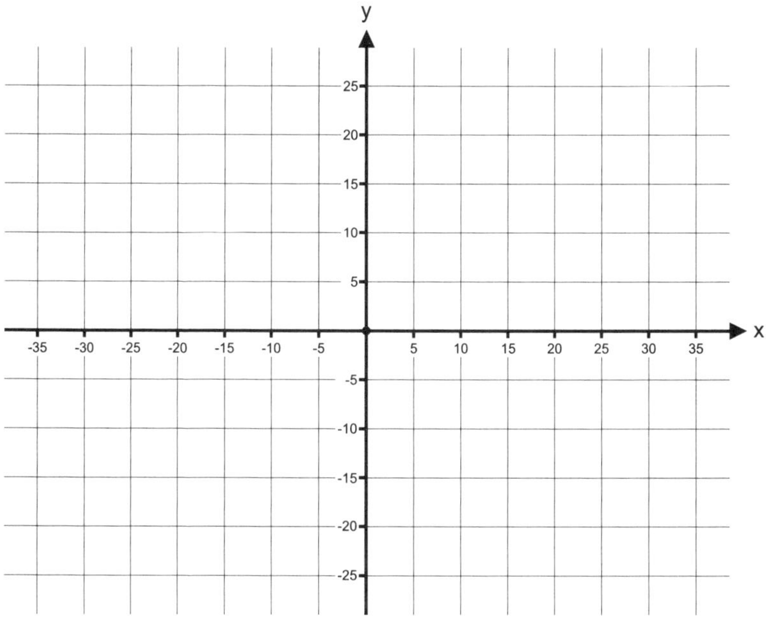

più celebre, il *Discorso sul metodo*, come prefazione ai tre saggi scientifici *La diottrica, le meteore, la geometria*.
In quest'opera ricerca un metodo scientifico con il quale affrontare tanto la comune esistenza umana quanto la risoluzione di problemi di scienza, etica e metafisica.
Più avanti, in un saggio intitolato *La geometria* getta le basi della geometria analitica, ovvero lo studio delle figure geometriche attraverso un sistema di coordinate formate da due numeri; ancora oggi usiamo il piano che non a caso chiamiamo "piano cartesiano".

Nicola d'Oresme (1323-1382) fu il primo a parlare di coordinate coniando i termini "latitudine" e "longitudine" e a tracciare il grafico di una funzione.

Direttamente o inversamente proporzionali? 

Se due grandezze **x** e **y** sono legate tra loro da una relazione tale che al variare dell'una varia anche l'altra, allora siamo in presenza di una **funzione**.
Avremo una funzione di grandezze **direttamente proporzionali** quando, al crescere di una, anche l'altra cresce secondo una costante di proporzionalità.

$$y = k\,x$$

- **y** è detta "variabile dipendente", perché varia al variare del valore assegnato alla **x**;
- **x** è la "variabile indipendente", perché è lei che assume dei valori.
- **k** è la costante di proporzionalità e come tale non varia.

Facciamo un esempio. Chiamiamo x la misura di ciascun lato di un quadrato e y il suo perimetro.
La funzione che lega la y alla x è **y = 4x**.

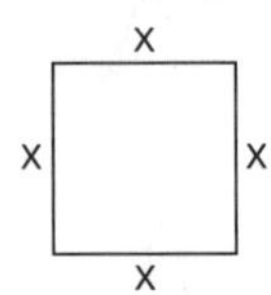

Ora proviamo ad assegnare un valore alla x, per esempio 3.
y = 4x diventa y = 4 · 3 = 12.
Possiamo anche impostare una tabella nella quale assegnare valori crescenti alla x.

x	**y**
3	12
4	16
5	20
6	24

Legenda: x = lato del quadrato; y = perimetro del quadrato

Vediamo che **al crescere della x cresce anche la y**;
si dice che **cresce secondo una costante di proporzionalità**, che nel nostro esempio è 4.
La costante di proporzionalità può anche essere ricavata a partire dai valori di x e y tramite la formula:

$$k = \frac{y}{x}$$

Infatti, se in ogni riga della tabella precedente dividiamo y : x, otteniamo:

12 : 3 = **4**   16 : 4 = **4**   20 : 5 = **4**   24 : 6 = **4**

La rappresentazione grafica nel piano cartesiano delle grandezze direttamente proporzionali è una retta passante per l'origine degli assi.

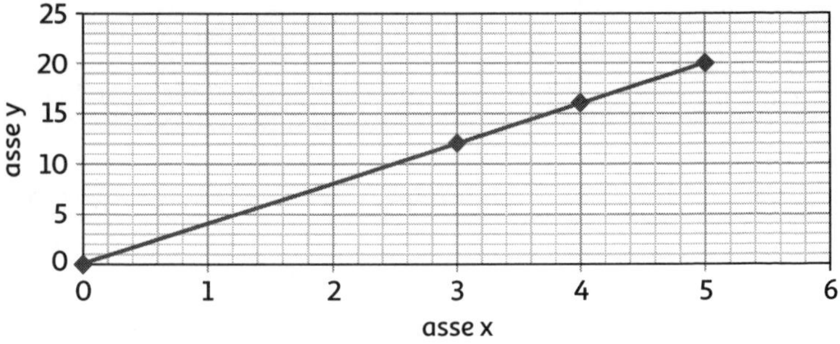

Si parla invece di grandezze **inversamente proporzionali** quando al crescere di una l'altra diminuisce, sempre secondo una costante di proporzionalità.

$$y = \frac{k}{x}$$

In questa funzione la **x** è al denominatore di una frazione, pertanto, se il suo valore aumenta, quello della **y** diminuirà.
Facciamo un esempio.
Chiamiamo **x** il tempo impiegato da una macchina per percorrere un tragitto, **y** la velocità tenuta dalla macchina e **k** lo spazio percorso.

Avremo:

$$y = \frac{k}{x}$$

cioè

$$v = \frac{s}{t}$$

Se il tragitto percorso è di 50 km, ovvero k = 50,
la nostra funzione diventa:

$$y = \frac{50}{x}$$

Adesso possiamo impostare una tabella nella quale assegnare valori crescenti alla **x**.

x	y
1	50
2	25
5	10
10	5

Vediamo che **al crescere della x la y diminuisce secondo una costante di proporzionalità** (che nel nostro esempio è pari a 50);
infatti, se si vuole impiegare meno tempo per percorrere un certo tragitto, sicuramente dovremo aumentare la velocità.

Come nell'esempio precedente, la **k** può essere ricavata conoscendo già i valori di **x** e **y**, utilizzando la formula:

$$\mathbf{k = x \cdot y}$$

Infatti, se in ogni riga della tabella moltiplichiamo i valori della **y** e della **x**, otteniamo:

$1 \cdot 50 = 50$ $2 \cdot 25 = 50$ $5 \cdot 10 = 50$ $10 \cdot 5 = 50$

La rappresentazione grafica nel piano cartesiano delle grandezze inversamente proporzionali è una curva chiamata iperbole equilatera (per la precisione, uno dei due rami da cui è composta).

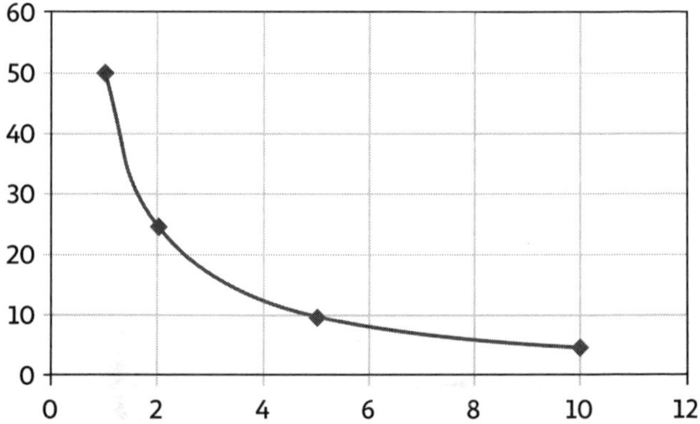

GUARDA IL GRAFICO

1. **Quanto costa la carne di cinghiale?**
Provate a rispondere guardando il grafico.

   a) La funzione che lega costo e peso della carne è y = ______

   b) Quanto costano 2 kg di carne di cinghiale?

   c) Quanto costano 10,25 kg di carne?

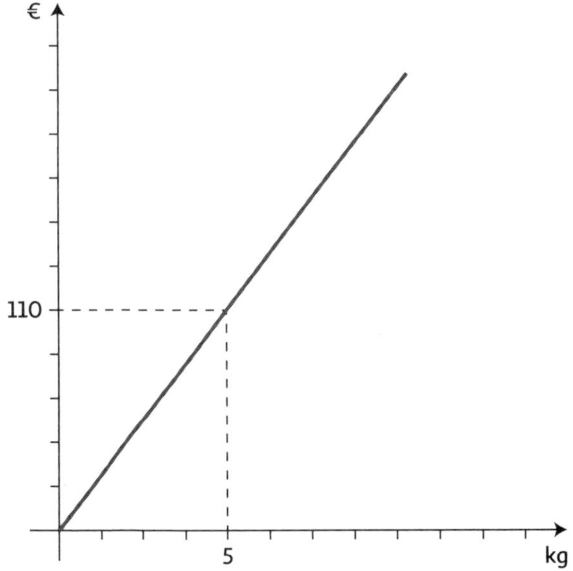

2. *Tutti a bordo: car sharing.*

Provate a rispondere guardando il grafico.

a) Quanto viene a costare il viaggio a ciascun occupante della macchina se a bordo ci sono 5 persone?

b) È possibile in questo caso attribuire il valore x_1? Perché?

c) Prova a scrivere la funzione che lega il costo del viaggio al numero dei viaggiatori: y = ______

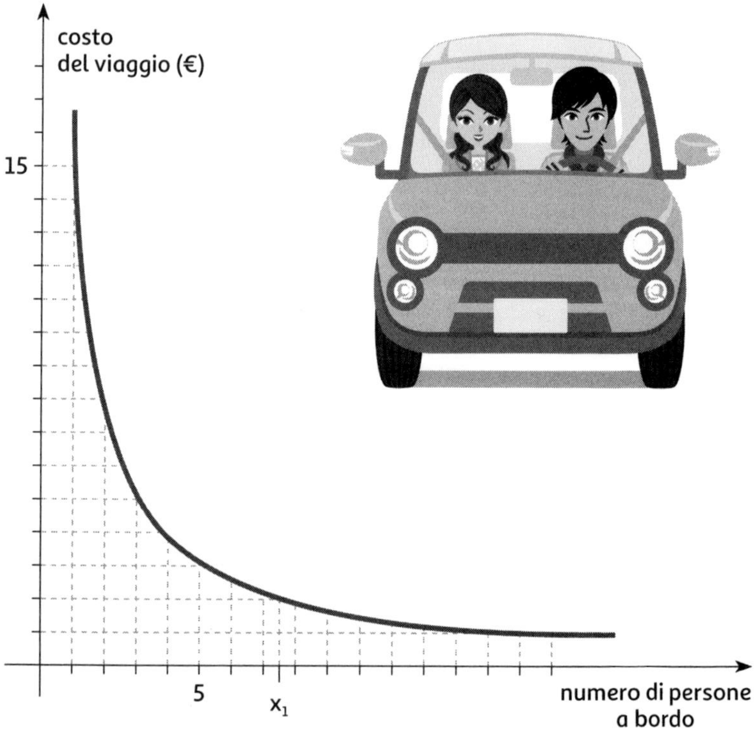

3. Osserva il seguente grafico e scegli quale delle seguenti funzioni rappresenta:

$y = \frac{1}{2}x$ ☐ $y = \frac{3}{x}$ ☐ $y = 3x$ ☐ $y = \frac{12}{x}$ ☐

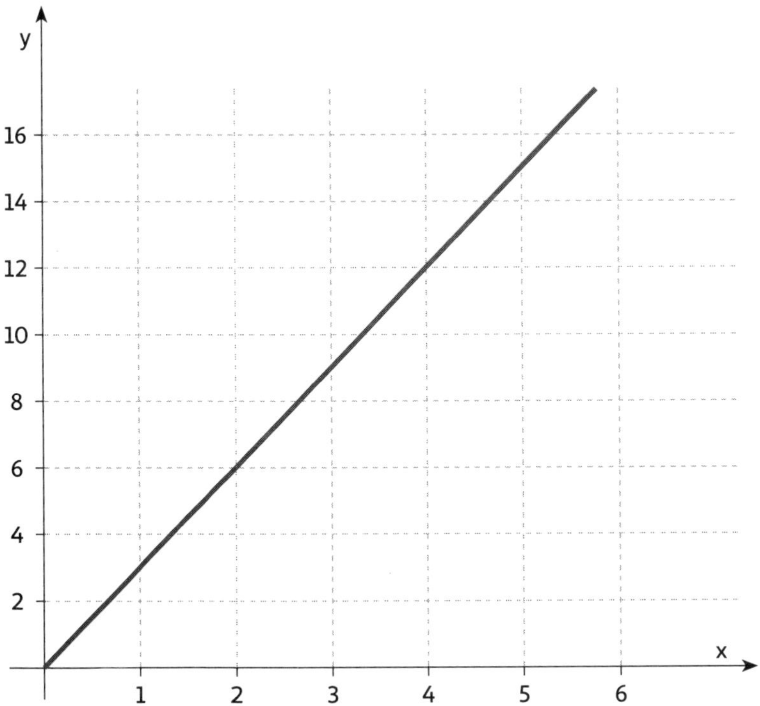

IL TRIANGOLO DI TARTAGLIA

Tartaglia era il soprannome di Niccolò Fontana, un grande matematico bresciano attivo nella prima metà del Cinquecento. Nel 1512, in occasione dell'attacco francese alla città di Brescia, che si era ribellata al dominio straniero, il giovane Niccolò fu vittima di profonde ferite al cranio e al palato, che lo resero balbuziente: da qui il soprannome Tartaglia. Le ferite, però, non compromisero le sue doti matematiche: intorno ai 20 anni trovò un metodo per risolvere le equazioni di terzo grado, e poco dopo mise a punto e divulgò quello che ancora oggi porta il suo nome, ovvero il **triangolo di Tartaglia**. Eccone un piccolo esempio, ma attenzione: può proseguire all'infinito!

1 1

1 2 1

1 3 3 1

1 4 6 4 1

1 5 10 10 5 1

Ecco come si procede alla sua costruzione.
Si mettono due 1 nella prima riga, quindi altri due 1 all'inizio e alla fine di tutte le altre righe. Ogni altro numero presente in ciascuna riga è la somma dei due numeri che stanno sopra di esso nella riga precedente.

1 1

(1 + 1 = 2)

1 **2** 1

1 3 3 1

1 4 6 4 1

1 5 10 10 5 1

Qual è l'utilità di questo triangolo?
Per dirla in termini matematici, in ogni riga del triangolo di Tartaglia compaiono i coefficienti dello sviluppo della potenza del binomio:

$$\mathbf{(a + b)^n}$$

Facciamo qualche esempio per capire cosa sono i coefficienti di un binomio.

Esempio 1

$$(a + b)^2 = a^2 + 2ab + b^2$$

Elevando al quadrato un binomio, si ottiene questo trinomio. Quando scriviamo "a^2" il coefficiente numerico 1 viene omesso in quanto sottinteso.
Se scriviamo il trinomio con tutti i coefficienti numerici, ecco come diventa:

$$1a^2 + 2ab + 1b^2$$

Si vede immediatamente che 1-2-1 sono i numeri che compongono la seconda riga del triangolo di Tartaglia!

Esempio 2

$$(a + b)^3 = a^3 + 3a^2b + 3a\,b^2 + b^3$$

Elevando al cubo un binomio, si ottiene questo quadrinomio. Se anche qui scriviamo per esteso tutti i coefficienti numerici, otteniamo:

$$1a^3 + 3a^2b + 3a\,b^2 + 1b^3$$

Ovvero 1-3-3-1, i numeri che compongono la terza riga del triangolo di Tartaglia!

RICHIAMO ALL'ALGEBRA

Monomio

È formato da un solo termine, nel quale possono comunque comparire una o più lettere.

Esempi:

$$3a \qquad 5a^2b^3 \qquad \frac{1}{2}a^3b^2c$$

Dato che stiamo parlando di algebra, i monomi possono anche avere un segno:

$$+3a \qquad -5a^2b^3 \qquad +\frac{1}{2}a^3b^2c$$

Binomio

È formato dalla somma (algebrica) di due monomi.

Esempio:

$$+5a^2c - 3ab^2c$$

Trinomio

È formato dalla somma algebrica di tre monomi.

Quadrinomio

È formato dalla somma algebrica di quattro monomi.

Polinomio

Dal greco *polys*, «molti», e *nomen*, «termine», è formato dalla somma algebrica di cinque o più monomi. Esempio:

$$3a^2b + 5ab^3 - 12ac + \frac{1}{6}a^3bc^2 - 4abc$$

Avete mai usato un'equazione?

Un'**equazione di primo grado**, ovvero nella quale l'incognita x ha esponente (sottinteso) 1, ha **un'unica soluzione**.

Esempio
Quale numero occorre aggiungere a 5 per ottenere 9?
Chiamiamo **x** il numero che dobbiamo trovare e impostiamo l'equazione:

$$5 + x = 9$$

Per ricavare la **x** bisogna portare a destra dell'uguale il numero 5, senza dimenticare che ogni volta che si sposta un termine dalla parte opposta dell'uguale, l'elemento trasportato deve cambiare segno.

$$x = 9 - 5$$
$$x = 4$$

Un'**equazione di secondo grado**, invece, nella quale l'incognita x ha esponente 2, ha **due soluzioni**.
Ecco la formula generica di risoluzione di questo tipo di equazioni:

$$ax^2 + bx + c = 0$$

$$x_{1,2} = \frac{-b \pm \sqrt{b^2 - 4ac}}{2a}$$

Esempio

$$x^2 + 2x - 35 = 0$$

$$x_{1,2} = \frac{-2 \pm \sqrt{2^2 - 4 \cdot 1 \cdot (-35)}}{2 \cdot 1} = \frac{-2 \pm \sqrt{4 + 140}}{2} = \frac{-2 \pm \sqrt{144}}{2} =$$

$$x_1 = \frac{-2 + 12}{2} = + \frac{10}{2} = 5 \text{ (prima soluzione)}$$

$$x_2 = \frac{-2 - 12}{2} = + \frac{14}{2} = -7 \text{ (seconda soluzione)}$$

Le equazioni, quindi, hanno tante soluzioni quanto è il loro grado, ovvero l'esponente più alto con cui compare la x.

LA QUADRATURA DEL CERCHIO

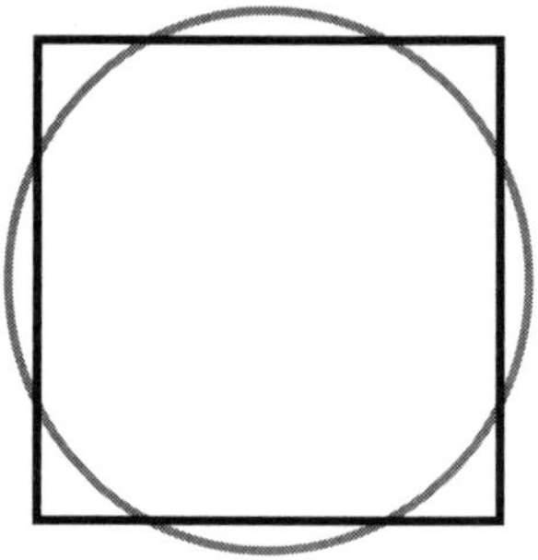

Quante volte, parlando di un'azione particolarmente difficile, si dice che è come "far quadrare un cerchio"? Questa espressione viene usata quando si vuole a tutti i costi risolvere al meglio un dilemma, pur sapendo che sicuramente occorrerà rinunciare a qualcosa, anche di secondaria importanza... proprio come succede nel problema geometrico che ha dato origine a questa espressione.
In geometria, la **quadratura del cerchio** consiste nel cercare di tracciare un cerchio e un quadrato che abbiano la stessa area. Moltissimi matematici vi si sono cimentati, fin dalle origini della geometria, ma nessuno è riuscito nell'intento.
La "colpa" di questi continui fallimenti è tutta del π, in quanto numero irrazionale e trascendente, a cui non è possibile estrarre la radice quadrata.
Spieghiamo meglio.

La formula per ricavare l'area di un cerchio è πr^2, mentre quella per ottenere l'area di un quadrato è l^2.
Il nostro obiettivo, come detto, è quello di avere un quadrato e un cerchio aventi la stessa area, per cui impostiamo un'equazione con le due formule appena ricordate:

$$l^2 = \pi r^2$$
$$l = \sqrt{\pi r^2}$$
$$l = r\sqrt{\pi}$$

In altre parole, il quadrato che stiamo cercando dovrebbe avere il lato uguale al raggio del cerchio moltiplicato per $\sqrt{\pi}$, che però è un valore **impossibile da calcolare** (non esiste un numero né intero né fratto che esprima il suo valore)!

E un algoritmo che cos'è?

Con il termine "algoritmo" si intende qualsiasi schema o procedimento sistematico di calcolo. Per esempio, la serie di operazioni che dobbiamo fare per estrarre la radice quadrata di un numero è un algoritmo. Eccole esemplificate nei seguenti passaggi per l'estrazione della radice quadrata di un numero che non è un quadrato perfetto e che quindi avrà un resto.

$\sqrt{5.52.87}$	**2** *è il numero il cui quadrato si avvicina di più a 5 senza superarlo*
4 *scrivo qui* $2^2 = 4$	
1 *calcolo la differenza tra 5 e 4 = 1*	

5.52.87

4

1 *si fa la differenza tra 5 e 4 = 1*

2 *è il primo risultato*

2 × 2 = 4

moltiplico per 2 il risultato ottenuto (ogni volta si moltiplica per 2 il risultato e lo si riporta sotto al primo 2 del prodotto 2 x 2)

5.52.87

4

1 5.2

riporto il primo gruppo di cifre (52) e isolo l'ultima

2

2 × 2 = 4

43 × 3 = 129

ora mi chiedo quante volte il 4 sta nel 15? 3 volte! allora riscrivo il 4 seguito dal 3 e moltiplico per il 3 stesso

√ 5.52.87	2
4	$2 \times 2 = 4$
1 5.2	$43 \times 3 = 129$
1 2 9	*129 è minore di 152 e va bene; fosse stato maggiore si provava con 2 (per es. 42 × 2)*
2 3	
calcolo la differenza tra 152 e 129	

√ 5.52.87	2 3 *il secondo risultato è 3*
4	$2 \times 2 = 4$
	$43 \times 3 = 129$
1 5.2	$23 \times 2 = 46$
1 2 9	*come sempre, moltiplico per 2 il nuovo risultato*
2 3	

5.52.87	**2 3**
4	**2 × 2 = 4**
	43 × 3 = 129
1 5.2	**23 × 2 = 46**
1 2 9	**46**
2 3 8.7	*quante volte il 46 sta nel 238?*
riporto vicino a 23	*ci sta 5 volte*
il secondo gruppo di cifre	
(87) e isolo l'ultima	

5.52.87	**2 3 5** *ecco il risultato!*
4	**2 × 2 = 4**
	43 × 3 = 129
1 5.2	**23 × 2 = 46**
1 2 9	
2 3 8.7	**465 × 5 = 2325**
2 3 2 5	*questo risultato è minore*
	di 2387 e va bene così
6 2 *resto*	

Qualche test di logica

I test di logica possono essere un passatempo piacevole che aiuta il cervello a mantenersi in forma, ma possono anche essere una necessità quando li si deve affrontare per un posto di lavoro o per accedere all'università!

DAI GIOCHI DI ARCHIMEDE 2010

I giochi di Archimede sono la prima fase di selezione delle olimpiadi della matematica.
Ecco un problema di logica proposto qualche anno fa.

Nella città di Nonfumo gli unici negozi sono tabaccherie e latterie. L'anno scorso le tabaccherie erano 2/3 delle latterie, quest'anno due tabaccherie sono diventate latterie cosicché ora le tabaccherie sono solo 9/16 delle latterie (dall'anno scorso a quest'anno il numero complessivo dei negozi di Nonfumo è rimasto lo stesso).
Quante latterie c'erano lo scorso anno a Nonfumo?

a) 12
b) 16
c) 20
d) 30
e) 60

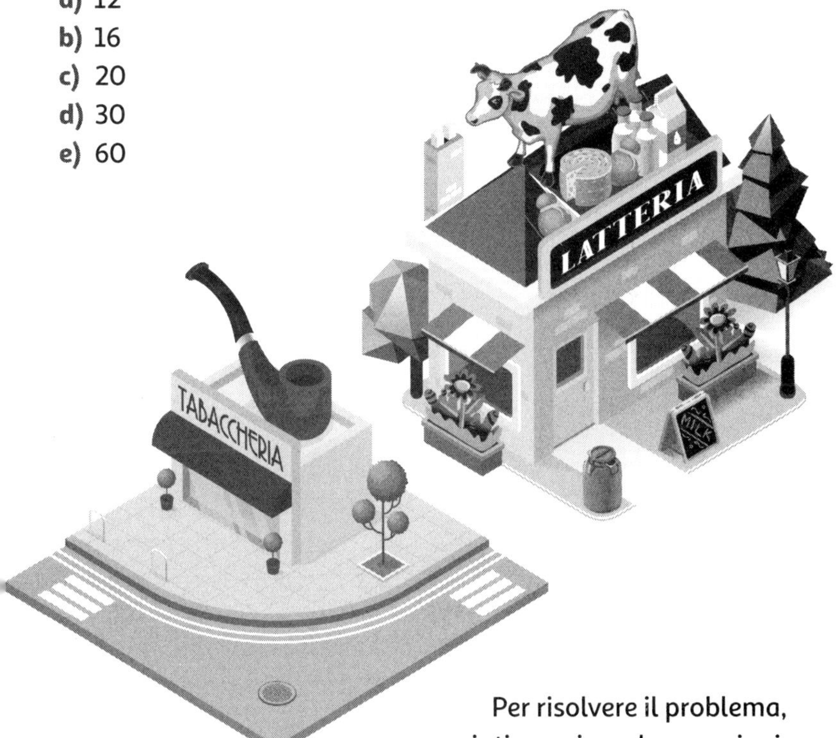

Per risolvere il problema, aiutiamoci con le equazioni, abbreviando con **T** le tabaccherie e con **L** le latterie.

Questa è la situazione dello scorso anno:

$$T = \frac{2}{3} L$$

Questo è invece il cambiamento avvenuto quest'anno (le tabaccherie sono diminuite di 2 e le latterie sono aumentate di 2, dato che il numero totale è invariato):

$$T - 2 \qquad L + 2$$

Avremo quindi la seguente equazione:

$$T - 2 = \frac{9}{16} (L + 2)$$

Impostiamo un sistema di due equazioni a due incognite con le due situazioni sopra indicate (quando si hanno più incognite da trovare, come in questo caso, si ricorre ai sistemi):

$$\begin{cases} T = \frac{2}{3} L \\ T - 2 = \frac{9}{16} (L + 2) \end{cases} \qquad \begin{cases} T = \frac{2}{3} L \\ \frac{2}{3} L - 2 = \frac{9}{16} (L + 2) \end{cases}$$

sostituisco T con 2/3 L

Se abbiamo 2 incognite ⟶ sistema a due equazioni
Se abbiamo 3 incognite ⟶ sistema a tre equazioni
Se abbiamo n incognite ⟶ sistema a n equazioni

$$\begin{cases} T = \frac{2}{3} L \\ \frac{2}{3} L - 2 = \frac{9}{16} L + \frac{\overset{9}{\cancel{18}}}{\underset{8}{\cancel{16}}} \end{cases} \qquad \begin{cases} T = \frac{2}{3} L \\ \frac{2}{3} L - \frac{9}{16} L = 2 + \frac{9}{8} \end{cases}$$

$$\begin{cases} T = \frac{2}{3} L \\ \frac{32 - 27}{48} L = \frac{16 + 9}{8} \end{cases} \qquad \begin{cases} T = \frac{2}{3} L \\ \frac{5}{48} L = \frac{25}{8} \end{cases}$$

$$L + \frac{\cancel{25}^{\,5}}{\cancel{8}_{\,1}} \cdot \frac{\cancel{48}^{\,6}}{\cancel{5}_{\,1}} = 30$$ *(numero di latterie dello scorso anno)*

$$T = \frac{2}{3} L$$ *sostituisco a L il valore 30*

$$T = \frac{2}{\cancel{3}_{\,1}} \cdot \cancel{30}^{\,10} = 20$$

Ora verifichiamo se i valori trovati vanno bene per quest'anno:

$$T - 2 = \frac{9}{16} (L + 2)$$ *verifichiamo l'uguaglianza sostituendo 30 a L e 20 a T*

$$20 - 2 = \frac{9}{16} \cdot (30 + 2)$$

$$18 = \frac{9}{\cancel{16}_{\,1}} \cdot \cancel{32}^{\,2}$$

quindi

$$18 = 18$$

Verificato!

DALLA PROVA DI AMMISSIONE AI CORSI DI LAUREA IN MEDICINA 2013-14

Un ispettore di polizia sta conducendo un'indagine su un caso di omicidio. Sulla scena del delitto è stato ritrovato un biglietto di ingresso a un museo. Ciascuno dei 5 sospettati ha ammesso di aver visitato il museo nell'ultimo mese:

- il sospettato A sostiene di aver vistato il museo il 17 febbraio;
- il sospettato B sostiene di aver vistato il museo il 6 febbraio;
- il sospettato C sostiene di aver vistato il museo il 9 febbraio;
- il sospettato D sostiene di aver vistato il museo il 30 gennaio;
- il sospettato E sostiene di aver vistato il museo il 3 febbraio.

L'ispettore ricorda chiaramente di aver visitato il museo il mese precedente, il 16 gennaio, e sa di certo che da dicembre a marzo il museo è aperto soltanto di martedì e venerdì. Pertanto sa anche che **solo uno dei sospettati non sta dicendo la verità**. Chi è?

a) sospettato A;
b) sospettato B;
c) sospettato C;
d) sospettato D;
e) sospettato E.

Ragioniamo: l'ispettore ha visitato il museo il 16 gennaio, che sicuramente era un martedì o un venerdì.

Ora procediamo a esaminare le due ipotesi.

Prima ipotesi: martedì 16 gennaio

Venerdi 19 gennaio	
Martedi 23	
Venerdì 26	
Martedì 30	Sospettato D dice la verità
Venerdi 2 febbraio	*Sospettato E mente*
Martedì 6	Sospettato B dice la verità
Venerdì 9	Sospettato C dice la verità
Martedì 13	
Venerdì 16	*Sospettato A mente*

Questa ipotesi non è accettabile perché vorrebbe dire che **mentono due sospettati**, ma noi sappiamo che a mentire è uno solo.

Seconda ipotesi: venerdì 16 gennaio

Martedì 20 gennaio	
Venerdì 23	
Martedì 27	
Venerdì 30	Sospettato D dice la verità
Martedì 3 febbraio	Sospettato E dice la verità
Venerdì 6	Sospettato B dice la verità
Martedì 10	*Sospettato C mente*
Venerdì 13	
Martedì 17	Sospettato A dice la verità

Questa ipotesi è accettabile perché mente solo un sospettato, pertanto il colpevole è il **sospettato C**.

QUALCHE GIOCO PER PASSARE IL TEMPO

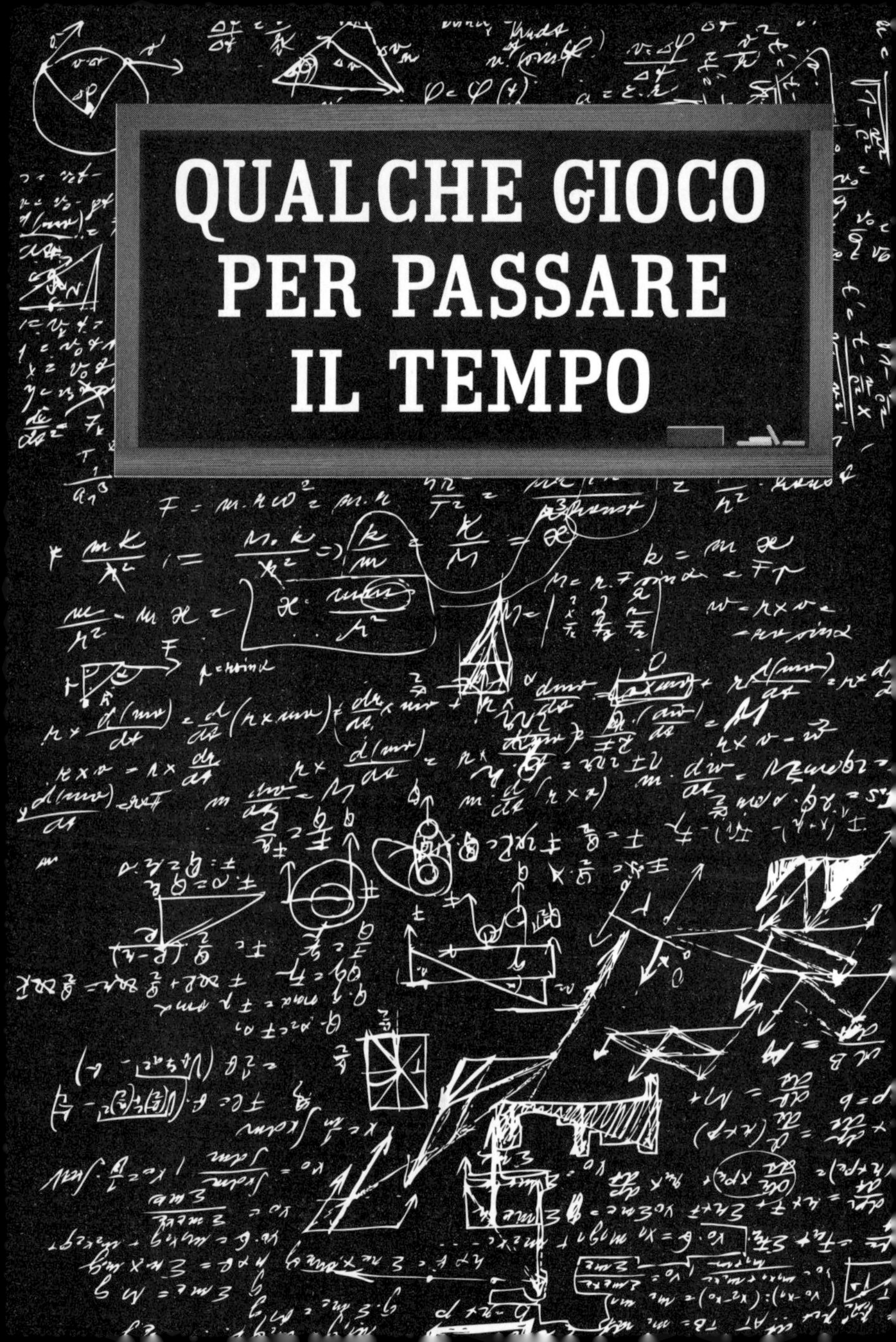

1. Su due rette parallele sono disposte due file composte da 14 puntini ciascuna. Se tracciate un segmento da ogni punto della prima fila verso ogni punto della seconda fila, quanti segmenti avete tracciato?

a) 140
b) 196
c) 210
d) 280
e) 392

Ecco i primi 3 segmenti di esempio; ora continuate voi.

2. Qual è il valore di ogni singola forma geometrica?

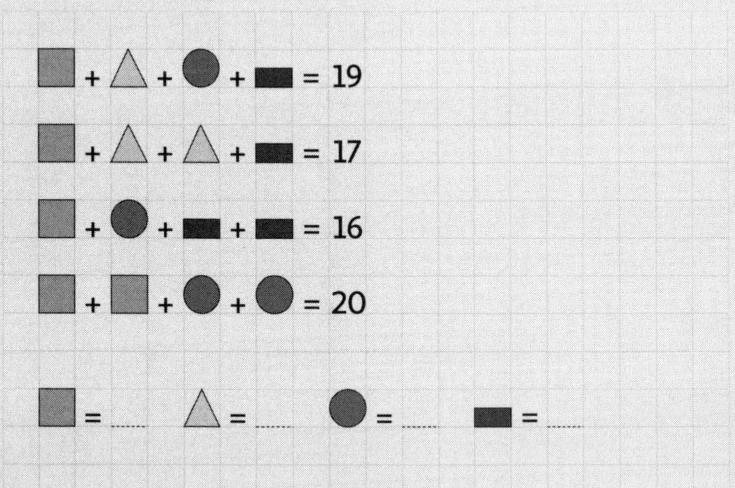

3. Due contadini voglio barattare fra loro alcuni animali, e decidono di assegnare a ciascun animale un valore:

- una pecora vale due galletti;
- una mucca vale un maiale e tre pecore;
- un maiale vale due pecore e due galletti.

Quanti galletti occorrerà scambiare per avere una mucca?

GIOCHIAMO CON I LOGARITMI

Il logaritmo è l'operazione che ci permette di calcolare l'esponente di una potenza conoscendo la sua base e il suo valore. Facciamo un esempio:

$\log_2 8 = 3$

Si legge: "il logaritmo in base 2 del numero 8 è uguale a 3", perché $2^3 = 8$, ovvero 3 è l'esponente a cui dobbiamo elevare 2 per ottenere 8.

Calcoliamo:

$\log_3 \frac{1}{9} = x$

x sarà l'esponente a cui elevare 3 per ottenere $\frac{1}{9}$

$3^x = \frac{1}{9}$

Allora avremo:

$3^x = \frac{1}{9}$

$x = -2$

Apriamo una piccola parentesi.

$3^{-2} = \frac{1}{3^2} = \frac{1}{9}$

La potenza negativa di un numero si ottiene ponendo il numero al denominatore con esponente positivo.

ORA PROVATE VOI

1. Calcolate:

a) $\log_5 25 = x$ $\quad x = ...$

b) $\log_7 343 = x$ $\quad x = ...$

c) $\log_4 \frac{1}{4} = x$ $\quad x = ...$

d) $\log_2 \frac{1}{8} = x$ $\quad x = ...$

e) $\log_2 x = 2$ $\quad x = ...$

f) $\log_9 x = \frac{1}{2}$ $\quad x = ...$

g) $\log_{\frac{3}{2}} x = -2$ $\quad x = ...$

h) $\log_3 x = 3$ $\quad x = ...$

Ricordate che il logaritmo in qualsiasi base di 1 è uguale a zero:

$\log_3 1 = 0$ $\quad \log_6 1 = 0$

Ricordate, inoltre, che un numero elevato a una frazione è uguale alla radice che ha per indice il denominatore della frazione e sotto radice il radicando elevato al numeratore della frazione.

$9^{\frac{1}{2}} = \sqrt[2]{9^1} = 3$

2. *Il signor logaritmo*
Ciao! Sono il logaritmo in base 2 di 256. Vorrei dividermi in 4 per voi ed elevare ogni parte al cubo, dopodiché la **prima parte** la raddoppierei, la **seconda parte** la eleverei al quadrato, la **terza parte** la addizionerei alla differenza tra il cubo e il quadrato di 2 e la **quarta parte** la lascerei così com'è. Se alla fine mi sommo alle 4 parti ottenute, che numero divento?

Le progressioni aritmetiche

Una progressione aritmetica è una serie di numeri in cui ciascun elemento è distanziato da quello precedente sempre dallo stesso numero.
Per fare un esempio, partiamo da 2 e aggiungiamo 7 ogni volta. Ecco come si presenta la progressione:

2, 9, 16, 23, 30, 37, 44, 51...

Con linguaggio matematico, diciamo che i **termini** di una progressione (che naturalmente sono infiniti) hanno tra loro una differenza costante chiamata **ragione della progressione** e che si indica con la lettera **d**.
Nella nostra progressione la ragione è 7 (infatti, la differenza tra due termini adiacenti è sempre 7).

9 – 2 = 7 16 – 9 = 7 23 – 16 = 7 30 – 23 = 7
37 – 30 = 7 44 – 37 = 7 51 – 44 = 7

2, 9, 16, 23,

In una progressione possiamo **calcolare la somma dei termini presenti** applicando la formula:

$$S = \frac{a_1 + a_n}{2} \cdot n$$

dove a_1 indica il primo numero della progressione e a_n l'ultimo, mentre n è il numero di termini presenti. La somma S della nostra progressione sarà:

$$S = \frac{2 + 51}{2} \cdot 8 = \frac{53}{\cancel{2}_{1}} \cdot \cancel{8}^{4} = 212$$

La somma degli 8 termini della nostra progressione è proprio 212.
Interessante e utile per risolvere molti giochi di logica è la formula che ci permette di trovare quale termine ci sarà in un determinato posto della progressione.
Prendiamo sempre **2**, **9**, **16**, **23**, **30**, **37**, **44**, **51**...
e cerchiamo di capire quale termine ci sarà al ventesimo posto di questa progressione. Dobbiamo applicare questa formula:

$$a_{20} = \mathbf{a_8 + (20 - 8) \cdot 7} = 51 + \underline{12 \cdot 7} = 51 + 84 = 135$$

- a_{20} indica termine che si troverà al ventesimo posto;
- a_8 indica il termine che si trova in ottava posizione;
- (20 – 8) è la differenza tra le due posizioni;
- 7, come sappiamo, è la ragione della nostra progressione.

Ora verifichiamo se aumentando di 7 la nostra progressione, al ventesimo posto troviamo proprio 135:

2, 9, 16, 23, 30, 37, 44, 51, 58, 65,
72, 79, 86, 93, 100, 107, 114, 121, 128, 135

↖ *20° posto*

Questa formula può essere applicata partendo da qualsiasi termine della progressione. Se ci chiediamo quale termine ci sarà al ventesimo posto partendo, però, dal 23, che occupa il quarto posto:

$$a_{20} = \mathbf{a_4 + (20 - 4) \cdot 7} = 23 + 16 \cdot 7 = 23 + 112 = 135$$

Se vogliamo calcolare la ragione di una progressione tra due termini distanti, dobbiamo applicare la formula:

$$d = \frac{a_n + a_1}{n - 1}$$

$$a_1, a_2, a_3, a_4, a_5, \dots a_n$$

Proviamo a calcolare il quindicesimo termine di una progressione conoscendo il terzo e il settimo termine, rispettivamente 23 e 47.

Prima troviamo la ragione d:

$$d = \frac{47 - 23}{7 - 3} = \frac{24}{4} = 6$$

Ora calcoliamo il quindicesimo termine partendo dal settimo, ovvero 47:

$$a_{15} = a_7 + (15 - 7) \cdot d$$
$$a_{15} = 47 + (15 - 7) \cdot 6 = 47 + 8 \cdot 6 = 47 + 48 = \mathbf{95}$$

Verifichiamo. Sappiamo che il terzo termine è 23 e il settimo è 47:

1°	2°	3°	4°	5°	6°	7°	8°	9°	10°	11°	12°	13°	14°	**15°**
		23				**47**								

Sapendo che la ragione è 6, possiamo completare la progressione scrivendo gli altri termini:

11 17 **23** 29 35 41 **47** 53 59 65 71 77 83 89 **95**

QUALCHE GIOCO PER PASSARE IL TEMPO

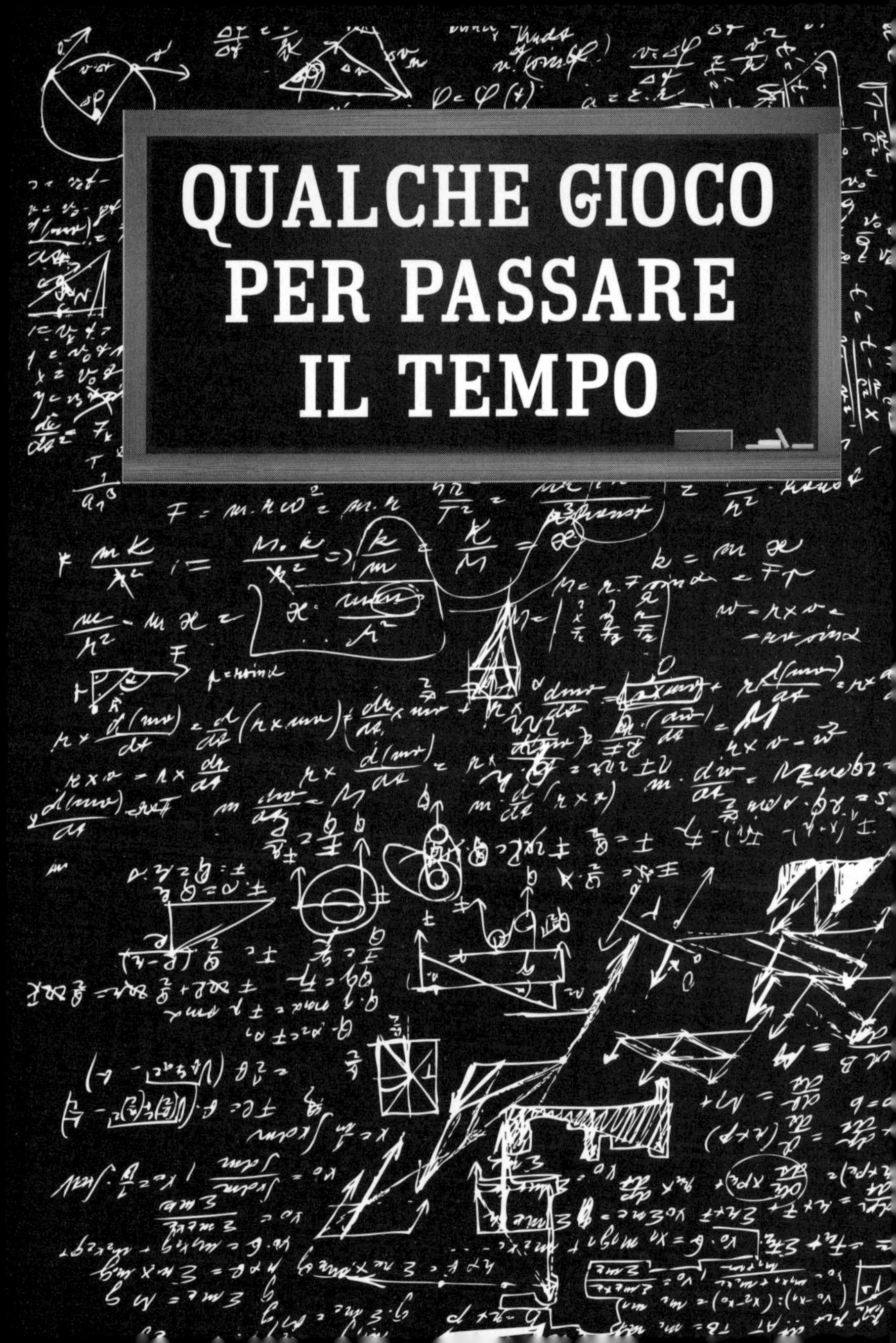

1. Calcolate la somma dei termini della seguente progressione aritmetica applicando la formula apposita:

123, 142, 161, 180, 199, 218, 237, 256, 275, 294, 313...

2. Data la progressione aritmetica:

13, 17, 21, 25, 29, 33, 37, 41...

trovate il numero che si trova alla trentunesima posizione.

3. Dati i seguenti termini di una progressione aritmetica:

$$a_9 = 585 \qquad a_{13} = 877$$

dopo aver trovato la ragione **d**, trovate il numero che si trova alla ventunesima posizione.

4. Compilate la tabella inserendo i termini mancanti della progressione.

1°	2°	3°	4°	5°	6°	7°	8°	9°	10°	11°	12°
13°	14°	15°	16°	17°	18°	19°	20°	21°	22°	23°	24°
									367		
25°	26°	27°	28°	29°	30°	31°	32°	33°	34°	35°	36°
				479							

IL LINGUAGGIO MATEMATICO DELLA MUSICA

In una lettera inviata il 17 aprile 1712 al matematico tedesco **Christian Goldbach**, il grande scienziato, filosofo e matematico **Gottfried Wilhelm von Leibniz** scrisse la celebre definizione: «*Musica est exercitium arithmeticae occultum nescientis se numerare animi*» («la musica è una pratica occulta dell'aritmetica, nella quale l'anima non si rende conto di calcolare»).

LE FRAZIONI NEL PENTAGRAMMA

Ogni nota musicale ha una durata.

Nota	Pausa	Nome italiano	Nome britannico	Valore
𝅝	𝄻	Semibreve	Semibreve	$\frac{4}{4}$
𝅗𝅥	𝄼	Minima	Minim	$\frac{2}{4}$
♩	𝄽	Semiminima	Crotchet	$\frac{1}{4}$
♪	𝄾	Croma	Quaver	$\frac{1}{8}$
𝅘𝅥𝅯	𝄿	Semicroma	Semiquaver	$\frac{1}{16}$
𝅘𝅥𝅰	𝅀	Biscroma	Demisemiquaver	$\frac{1}{32}$

Il pentagramma, composto (come dice il nome) da cinque righe orizzontali, è diviso in **battute** da una serie di linee verticali, dette **stanghette**.

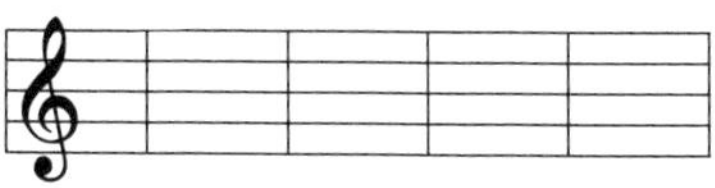

La durata di ogni battuta si chiama **tempo**.

All'inizio di ogni rigo del pentagramma è indicato il tempo delle battute. Le note devono essere disposte rispettando questo tempo. In altre parole, in ognuno degli spazi compresi tra due stanghette la somma dei valori delle note deve corrispondere al tempo indicato all'inizio del rigo.

$$\underbrace{\left(\frac{1}{8}+\frac{1}{8}\right)+\frac{1}{4}+\frac{1}{4}}_{\frac{3}{4}} \quad \Big| \quad \underbrace{\frac{1}{4}+\frac{2}{4}}_{\frac{3}{4}}$$

FACCIAMO QUALCHE ESERCIZIO

1. Qual è il tempo delle battute nei seguenti righi musicali?

a) 

b) 

c) 

2. Osservate il seguente schema, che indica come potete sostituire una nota con un'altra in base al suo valore.

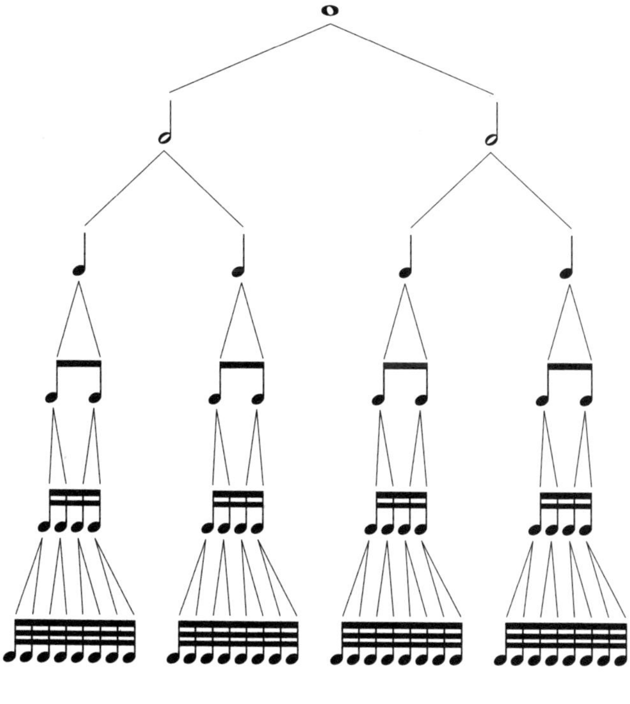

Adesso provate a risolvere i seguenti tre esercizi come se fossero un'espressione matematica (come nell'esempio qui sotto):

(♫ + ♩) + (♩ + ♬♬) - 𝅝 =

(♩ + ♩) + (♩ + ♫) - 𝅝 =

𝅗𝅥 (♩ + ♩) - 𝅝 =

𝅗𝅥 + 𝅗𝅥 - 𝅝 =

𝅝 - 𝅝 = //

a) ♬♬ + ♬♬ + ♩ + ♫ =

b) ♬♬ + ♫ + 𝅗𝅥 =

c) 𝅗𝅥 + ♩ + ♩ - (𝅗𝅥 + ♩ + ♫) =

La matematica nella natura: i frattali

Un frattale è una figura composta da parti via via più piccole, aventi tutte la stessa forma della figura maggiore. In natura esistono molte forme che ricordano i frattali: foglie, frutti, rami, fiocchi di neve, cristalli... Il primo a parlare di frattali fu **Benoit Mandelbrot**, un matematico nato in Polonia nel 1924 ma naturalizzato francese. Nel 1975 pubblicò il volume *Gli oggetti frattali: forma, caso e dimensione.* Nell'introduzione egli spiega che il libro costituisce una sintesi matematica e filosofica della sua geometria frattale, senza rivolgersi agli specialisti della materia ma con l'intento di incuriosire il lettore comune per portarlo ad approfondire la conoscenza dell'argomento, che trova applicazione in molti settori scientifici.
Il termine "frattale", coniato dallo stesso Mandelbrot, deriva dal latino *fractus* che vuol dire «rotto», «frazionato». Una delle fonti di ispirazione è il "merletto di Koch", una curva descritta nel 1904 dal matematico svedese Helge von Koch.

Il vecchio "paradosso dei cammelli"

Si narra che un ricco sceicco arabo lasciò in eredità ai suoi quattro figli maschi 39 cammelli, con la clausola di doverseli dividere secondo le sue volontà, pena la perdita di tutto:

- metà dovevano andare al primo figlio;
- un quarto dovevano andare al secondo figlio;
- un ottavo dovevano andare al terzo figlio;
- un decimo dovevano andare all'ultimo figlio.

La salute degli animali ovviamente era prioritaria: nessuno di essi poteva essere venduto né ucciso. I figli andarono nel deserto a discutere, ma non fecero che litigare perché non sapevano come fare per rispettare le volontà del padre. Erano a un momento critico della discussione, quando in lontananza videro arrivare un saggio errante su un cammello.

Egli si avvicinò ai fratelli, che gli raccontarono il loro dilemma; alla sentita richiesta di aiuto, così rispose: «Ai vostri 39 cammelli aggiungo il mio, e fanno 40; in questo modo, al primo di voi va la metà, cioè 20 cammelli; al secondo ne va un quarto, 10 cammelli; al terzo un ottavo, 5 cammelli; all'ultimo un decimo, 4 cammelli.
20+10+5+4 fanno 39 cammelli. È rimasto il mio, che se permettete mi riprendo».
Detto questo se ne andò, lasciando tutti sbigottiti e senza parole.

$$\frac{1}{2} + \frac{1}{4} + \frac{1}{8} + \frac{1}{10} = \frac{40 + 20 + 10 + 8}{80} = \frac{78}{80} = \frac{39}{40}$$

Prima considerazione

La somma delle frazioni dell'eredità non dà 40/40, cioè l'intero.

Seconda considerazione

Per trovare la frazione di un numero, per esempio $\frac{1}{2}$ di 39, il denominatore della frazione deve essere un divisore del numero.
Aggiungendo un cammello (quello del saggio errante), i denominatori di tutte le frazioni sono diventati divisori di 40, il che ha permesso la divisione senza dover tagliare a metà qualche povero cammello.
Resta il fatto che in questo modo ogni figlio ha ricevuto un po' di più di quanto gli spettasse! Ma questo è il bello del paradosso.

JOHN WALLIS

IL PADRE DELL'INFINITO

John Wallis nacque ad Ashford, nel Kent, il 23 novembre 1616, e morì a Oxford il 28 ottobre 1703. Presbitero e matematico inglese, fu il primo a introdurre il simbolo di infinito nel suo libro del 1665 *Tract on Conic Sections*.
Non è certo da dove abbia tratto ispirazione, anche se pare che Etruschi e Romani usassero l'"otto rovesciato" per indicare il numero mille, con il quale intendevano in generale "molti". Un'ipotesi forse meno probabile ma molto affascinante afferma che Willis potrebbe anche essere stato ispirato dall'Uroboro, un simbolo molto antico presente in varie culture che rappresenta un serpente attorcigliato che si morde la coda.

INFINITAMENTE GRANDE E INFINITAMENTE PICCOLO

*Il concetto di "infinito" è estremamente
affascinante, ma molto lontano
dalla nostra percezione.
Il piano in geometria è considerato
infinito, ma non è facile immaginare
che si estenda senza trovare mai una fine.
Allo stesso modo è quasi impossibile
pensare che il punto sia considerato
senza dimensione ma solo con una posizione,
e che in ogni punto possano essere
contenuti infiniti punti sempre più piccoli.*

Il sistema sessagesimale

Il nostro sistema di numerazione, detto decimale, è basato sul numero 10:

- 1 decina = 10 unità
- 1 centinaio = 10 decine
- 1 migliaio = 10 centinaia

Il sistema di misura dell'ampiezza di un angolo e del tempo, invece, è detto **sistema sessagesimale** ed è basato sul numero 60.

Per le misure degli angoli abbiamo:

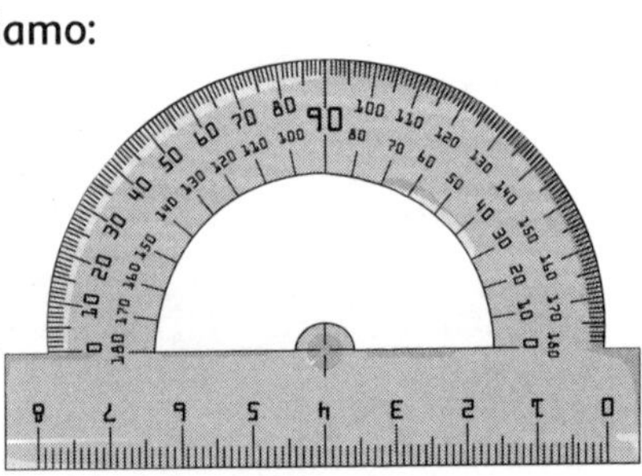

- $1° = 60'$
  (1 grado = 60 primi)
- $1' = 60''$
  (1 primo = 60 secondi)
- $1° = 3.600''$
  (1 grado = 3.600 secondi)

Per le misure del tempo abbiamo:

- 1 h = 60 min (1 ora = 60 minuti)
- 1 min = 60 s (1 minuto = 60 secondi)
- 1 h = 3.600 s (1 ora = 3.600 secondi)

Che ore sono?
Le 12 e 215 minuti...
Che strana ora!!!

12^h		215^{min}	
3^h	←	180^{min}	
15^h		35^{min}	Infatti sono le 15 e 35

Anche con le misure del sistema sessagesimale possiamo fare operazioni... La matematica è proprio ovunque!

Cosa abbiamo fatto nell'operazione precedente?
Quando i minuti superano il valore di 60 li possiamo semplificare togliendo "blocchi" di 60:

- $60 \times 1 = 60 \longrightarrow 1\ h$
- $60 \times 2 = 120 \longrightarrow 2\ h$
- $60 \times 3 = 180 \longrightarrow 3\ h$
- $60 \times 4 = 240 \longrightarrow 4\ h$

Nel nostro caso i minuti erano 215; il valore massimo che possiamo togliere da 215 è 180, che corrisponde a 3 ore, che poi dovremo sommare alle 12 ore che già abbiamo: ecco come si arriva al risultato di $15^{h}\ 35^{min}$.
Queste trasformazioni ci possono servire quando dobbiamo trasformare una misura di tempo da ore a minuti o da minuti a secondi. Pensiamo per esempio al calcolo della velocità, che viene espresso o in metri al secondo (m/s) o in chilometri all'ora (km/h).
Se abbiamo percorso 450 km in 3 ore e 45 minuti, come potremo calcolare la velocità?

Semplice, trasformiamo in ore anche i minuti:

$45^{min} : 60 = 0{,}75^{h}$

Adesso sommiamo 0,75 a 3:

$3^{h} + 0{,}75^{h} = 3{,}75^{h}$

In altre parole, 3 ore e 45 minuti corrispondono a 3 ore e tre quarti. Ora calcoliamo la velocità con la seguente formula:

$$\text{Velocità} = \frac{\text{spazio}}{\text{tempo}} = \frac{450}{3{,}75} = 120 \text{ km/h}$$

E se volessimo calcolare la stessa velocità in metri al secondo? Semplice: trasformiamo i chilometri in metri e i minuti in secondi:

- 450 km = 450.000 m
- 3 h × 3.600 [numero di secondi contenuti in un'ora] = 10.800 s
- 45 min × 60 = 2.700 s
- 10.800 s + 2.700 s = 13.500 s

$$\text{Velocità} = \frac{450.000}{13.500} = 33{,}3 \text{ (periodico) m/s}$$

VELOCEMENTE

1 m/s = 3,6 km/h
Se abbiamo una velocità espressa in m/s, passiamo a km/h moltiplicando per 3,6.
Se abbiamo una velocità espressa in km/h, passiamo a m/s dividendo per 3,6.
Infatti 120 km/h : 3,6 = 33,3 m/s.

QUALCHE GIOCO PER PASSARE IL TEMPO

1. Quanti minuti ci sono in un giorno?

1 giorno = ________ h = ________ min

2. Quanti secondi ci sono in un giorno?

1 giorno = ________ h = ________ min = ________ s

3. In una gara di corsa Adele, Beatrice e Chiara hanno totalizzato i seguenti tempi:

- Adele: 2.893 s
- Beatrice: 28 min 15 s
- Chiara: 0,54 h

Sapreste indicare chi ha realizzato il miglior tempo, espresso in minuti e secondi?

- Adele = ________ min ________ s
- Beatrice = 28 min 15 s
- Chiara = ________ min ________ s

4. Se Mario con il suo motorino viaggia alla velocità di 40 km/h, quanti metri percorrerà in 0,5 ore? Saranno di più o di meno di quelli percorsi nello stesso tempo da Giuseppe, che viaggia a una velocità di 8 m/s? Quale sarà la differenza dei metri percorsi dai due?

- Mario: V = 40 km/h $V = \frac{S}{T}$ $S = V \times T$

  S = 40 × ______ = ______ km = ______ m

- Giuseppe: V = 8 m/s 0,5 h = ______ s

  S = 8 × ______ = ______ m

Differenza metri percorsi = ______ – ______ = ______ m

Chi ha percorso più strada?

LE TERNE PITAGORICHE

Prendiamo tre numeri primi tra loro (ovvero tre numeri che non hanno divisori in comune):

3 4 5

Eleviamoli al quadrato:

$3^2 = 9$
$4^2 = 16$
$5^2 = 25$

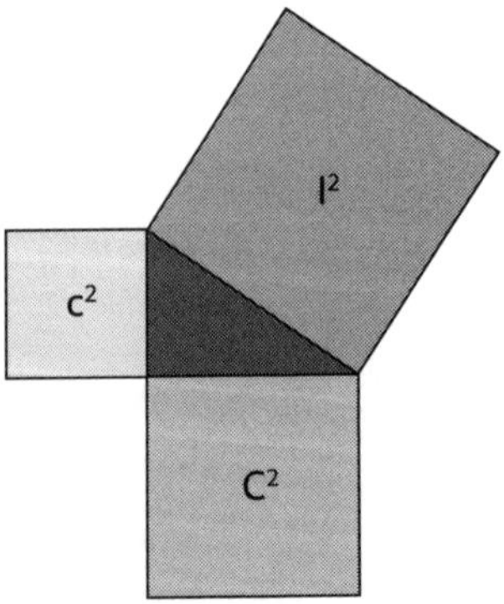

Osserviamo che:

$3^2 + 4^2 = 5^2$
$9 + 16 = 25$

In altre parole, si dice che i tre numeri **3 4 5** formano una **terna pitagorica**, cioè soddisfano la relazione che lega l'ipotenusa (**I**) ai cateti (**C** e **c**) nel triangolo rettangolo $I^2 = C^2 + c^2$ (questa formula non è altro che il teorema di Pitagora).

Esistono delle formule per calcolare le terne primitive, così chiamate perché formate da numeri primi tra loro. Ecco la formula di Euclide:

- consideriamo due numeri **m** e **n** primi tra loro, uno dispari e uno pari, con **m > n**, e calcoliamo i termini di una terna **a**, **b**, **c** applicando le seguenti formule:

$a = m^2 - n^2$ $\quad$ $b = 2 \times m \times n$ $\quad$ $c = m^2 + n^2$

Provïamo: prendiamo **m = 15** e **n = 8** (primi tra loro visto che non hanno divisori in comune).

$a = 15^2 - 8^2 = 225 - 64 = \mathbf{161}$
$b = 2 \times 15 \times 8 = \mathbf{240}$
$c = 15^2 + 8^2 = 225 + 64 = \mathbf{289}$

Adesso resta solo da verificare se i tre numeri che abbiamo trovato formano una terna pitagorica:

$161^2 + 240^2 = 289^2$

25.921 + 57.600 = 83.521

83.521 = 83.521

Da una terna primitiva possiamo ricavare infinite terne dette **derivate** moltiplicando tutti i termini della terna per uno stesso numero.

Partiamo dalla terna primitiva 3 4 5 e moltiplichiamo per 7 ognuno dei tre numeri:

$3 \times 7 = \mathbf{21}$
$4 \times 7 = \mathbf{28}$
$5 \times 7 = \mathbf{35}$

Ora verifichiamo se 21, 28 e 35 formano anch'essi una terna pitagorica:

$21^2 + 28^2 = 35^2$
$441 + 784 = 1.225$
$1.225 = 1.225$

I tre numeri 21, 28 e 35 formano effettivamente una terna pitagorica derivata!
Possiamo creare terne pitagoriche derivate con le seguenti formule.

1. Formula per calcolare una terna derivata partendo da un numero **a** dispari:

$$b = \frac{a^2 - 1}{2} \qquad c = \frac{a^2 + 1}{2}$$

2. Formula per calcolare una terna derivata partendo da un numero **a** pari:

$$b = \frac{a^2 - 4}{4} \qquad c = \frac{a^2 + 4}{4}$$

GIOCHIAMO CON LE TERNE PITAGORICHE

1. Trovate il numero mancante nelle seguenti terne pitagoriche.

32	126	____
160	____	650
____	$\frac{15}{2}$	$\frac{17}{2}$

2. Create una terna pitagorica applicando la formula vista nelle pagine precedenti con **m = 13** e **n = 6**.

3. I nove numeri presenti nella seguente tabella formano tre terne pitagoriche, ma non sono in ordine: rimetteteli a posto per formare le terne corrette.

49 ____	60 ____	6 ____
576 ____	10 ____	625 ____
61 ____	8 ____	11 ____

4. Completate la tabella.

Terna primitiva	Terna derivata
15, 112, 113	____ , 336, ____

QUALCHE GIOCO PER PASSARE IL TEMPO

Per risolverla, calcoliamo il prodotto dei due termini esterni (o estremi) e lo dividiamo per il termine medio che già conosciamo:

$$x = \frac{299{,}99 \times 100}{60} = 499{,}99\ €$$

Il prezzo pieno della lavatrice prima dell'applicazione dello sconto era di 499,99, il che vuol dire che il nostro risparmio è pari a 499,99 – 299,99 = 200 €.

Formula:

$$\text{Prezzo prima dello sconto} = \frac{\text{Prezzo scontato} \times 100}{100 - \%\ \text{di sconto}}$$

Che sconto ci stanno facendo per questo divano?
Il suo prezzo originario era di 3.540 € mentre ora costa solo 2.478 €; il nostro risparmio è quindi pari a:

3.540 – 2.478 = 1.062 €

Applicando una proporzione possiamo capire a quale percentuale corrisponde questo risparmio:

$$1.062 : x = 3.540 : 100$$

$$x = \frac{1.062 \times 100}{3.540} = 30\%$$

Il nostro risparmio sull'acquisto del divano è del 30%.

Formula:

$$\text{Percentuale di sconto} = \frac{(\text{Prezzo pieno - prezzo scontato}) \times 100}{\text{Prezzo pieno}}$$

Giubbino in pelle 1.350 €
scontato del 30%

Qual è il prezzo scontato del giubbino?
Facciamo un'altra proporzione:

$1.350 : 100 = x : 30$

$$x = \frac{1.350 \times 30}{100} = 405 \text{ €}$$ questo è lo sconto

Lo sconto è di 405 €, il che vuol dire che il prezzo scontato è pari a 1.350 – 405 = 945 €...
forse ancora un po' caruccio!

Formula:

$$\text{Sconto} = \frac{\text{Prezzo pieno} \times \text{\% di sconto}}{100}$$

QUALCHE GIOCO PER PASSARE IL TEMPO

GIOCHIAMO A FARE L'AFFARE

1. Marco si reca in un negozio di articoli sportivi e acquista:
   2 paia di scarpe;
   3 manubri;
   1 cyclette.
   I prezzi esposti sono ancora da scontare della percentuale scritta sotto al cartellino.
   Alla fine dei suoi acquisti quanto avrà speso e quanto avrà risparmiato?

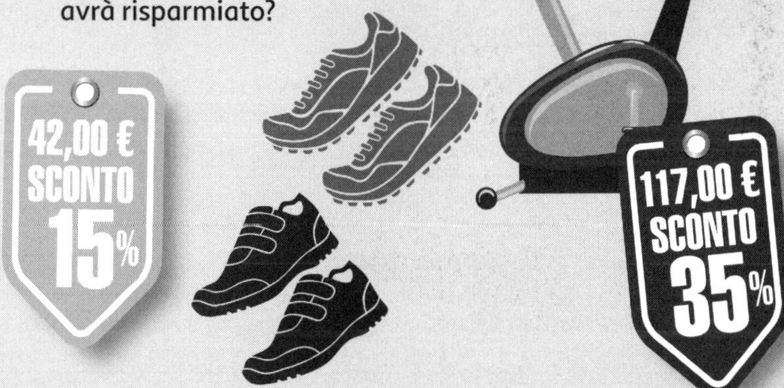

Scarpe = ______________	Scontato = ______________
Manubri = ______________	Scontato = ______________
Cyclette = ______________	Scontato = ______________
Totale speso = ______________	Totale risparmiato = ______________

2. In una profumeria sono presenti alcuni articoli scontati, ma non viene esposta la percentuale di sconto. Caterina osserva i prezzi e cerca di calcolare a mente la percentuale, ma non è sicura del risultato...

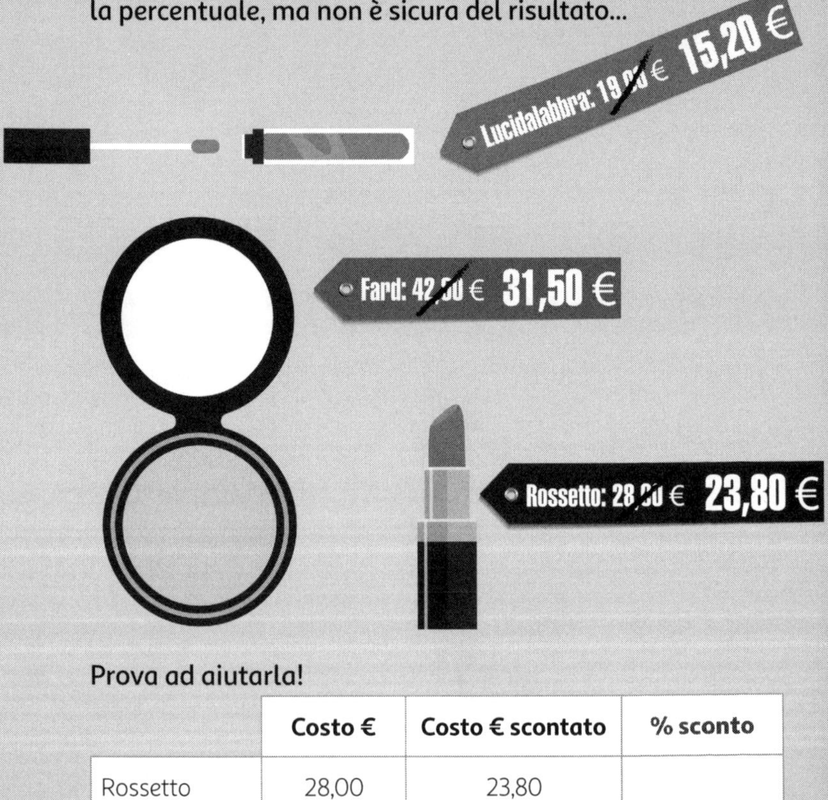

Prova ad aiutarla!

	Costo €	Costo € scontato	% sconto
Rossetto	28,00	23,80	
Fard	42,00	31,50	
Lucidalabbra	19,00	15,20	

3. La maestra Silvana deve valutare una verifica di matematica che ha dato ai suoi alunni. Dopo aver attribuito un punteggio a ogni esercizio, calcola che il massimo punteggio realizzabile è di **46 punti**.
La scala di valutazione a cui si attiene si riferisce alla percentuale di punti realizzata da ciascun alunno rispetto al massimo ottenibile: ecco la tabella a cui si attiene la maestra per le valutazioni.

Da 0%	a	44%	voto	4
Da 45%	a	49%	voto	4,5
Da 50%	a	54%	voto	5
Da 55%	a	59%	voto	5,5
Da 60%	a	64%	voto	6
Da 65%	a	69%	voto	6,5
Da 70%	a	74%	voto	7
Da 75%	a	79%	voto	7,5
Da 80%	a	84%	voto	8
Da 85%	a	89%	voto	8,5
Da 90%	a	94%	voto	9
Da 95%	a	98%	voto	9,5
Da 99%	a	100%	voto	10

Oggi Silvana ha un gran mal di testa e non riesce a concentrarsi nella valutazione delle verifiche. Prova ad aiutarla tu (se il risultato ottenuto ha cifre decimali, arrotonda per eccesso o per difetto all'intero più vicino).

Nome	**Punteggio**	**% arrotondata**	**Voto**
Mario A	28	60,86% = 61%	6
Carlo B	27,5		
Federico C	32		
Elena D	35		
Maria E	39		
Eugenio F	42		
Emanuela G	44		
Margherita H	45		
Federica L	46		
Giovanni M	33		
Mauro N	21		
Luciana O	38,5		
Aldo P	30		
Marika Q	31		
Camilla R	45		
Bianca S	34		
Tindara T	36		

4. Facciamo un gioco... di livello. In questo gioco matematico, il risultato ottenuto in ogni livello sarà il punto di partenza nel livello successivo.

1° livello

Risolvi l'equazione

$15x - 20 = 3x + 4$

Risultato = ☐

2° livello

Eleva al quadrato il risultato ottenuto al primo livello e addizionalo alla differenza tra il cubo di 15 e il cubo di 12.

Risultato = ☐

3° livello

Dividi in due numeri il risultato ottenuto al secondo livello come segue: un numero è formato dalle cifre in posizione pari, l'altro dalle cifre in posizione dispari.

Risultato = ☐ ☐

4° livello

Dei due numeri ottenuti al terzo livello, scegli quello divisibile per 3.

Sapendo che in una terna pitagorica derivata dalla terna primitiva **3 4 5** questo numero corrisponde al "5", trova gli altri due numeri.

Risultato = ☐ ☐

Che fatica la salita...

Abbiamo visto tutti questo cartello decine di volte, guidando in una strada di montagna... ma sappiamo davvero che cosa indica?
Il fatto che sia triangolare ci suggerisce già che si tratta di un segnale di pericolo, in questo caso dovuto alla presenza di una salita con pendenza del 10%.
Ma che cosa si intende con "pendenza" di una strada?
Essa indica la percentuale di ripidità.

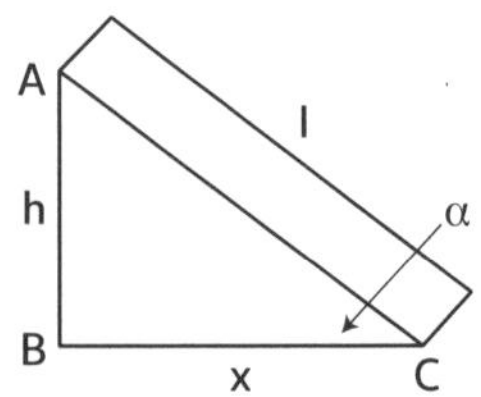

La pendenza di una strada si ottiene calcolando il rapporto tra h e x:

$$\text{Pendenza} = \frac{h}{x}$$

Se vogliamo esprimere la pendenza in percentuale, proprio come nel nostro cartello, dobbiamo semplicemente moltiplicare il risultato ottenuto per 100:

$$\text{Pendenza }\% = \frac{h}{x} \times 100$$

Nel caso di pendenze stradali non molto elevate possiamo usare per comodità il rapporto h/l, dove l indica la lunghezza della strada presa in considerazione (dal momento che misurare la lunghezza di una strada è più semplice che misurare il tratto x). Il valore ottenuto si discosterà da quello reale, ma non di molto.
Facciamo un esempio. Se la strada che percorriamo è lunga 4 km e ha un dislivello totale di 150 m, quale sarà la sua pendenza?

$$P\% = \frac{150}{4.000} \times 100 = 0{,}0375 \times 100 = 3{,}75\%$$

Se la lunghezza del percorso è di 2 km e il dislivello anche, siamo di fronte al caso-limite della massima pendenza:

$$P\% = \frac{2.000}{2.000} \times 100 = 1 \times 100 = 100\%$$

EULERO

Eulero, il cui vero nome era Leonhard Euler, nacque a Basilea nel 1707 e morì a San Pietroburgo nel 1783. È considerato il più importante matematico dell'illuminismo.
Nel 1741 gli fu offerto un posto all'Accademia di Berlino da Federico il Grande di Prussia, dove fece anche da tutore alla principessa di Anhalt-Dessau, nipote di Federico; proprio per facilitare la comprensione della giovane principessa di complicati argomenti scientifici e filosofici, ideò dei diagrammi nei quali racchiudeva gli elementi di una stessa categoria all'interno di una linea chiusa.
In seguito, le lezioni alla principessa vennero raccolte da Eulero in un libro, che uscì in Italia nel 1787 con il titolo *Lettere a una principessa d'Alemagna* e che riscosse un grande successo.
In una delle lettere Eulero, per spiegare alla principessa le proposizioni aristoteliche, si esprime in questo modo.

Formiamo uno spazio chiuso per la nozione di uomo:

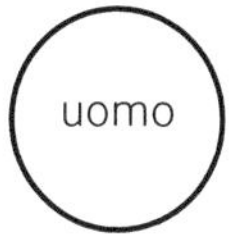

Formiamo un altro spazio chiuso per la nozione di mortale:

Quando pronunciamo la frase «Tutti gli uomini sono mortali», la prima figura sarà contenuta nella seconda. Nascono così i concetti di insieme e sottoinsieme. Geniale!

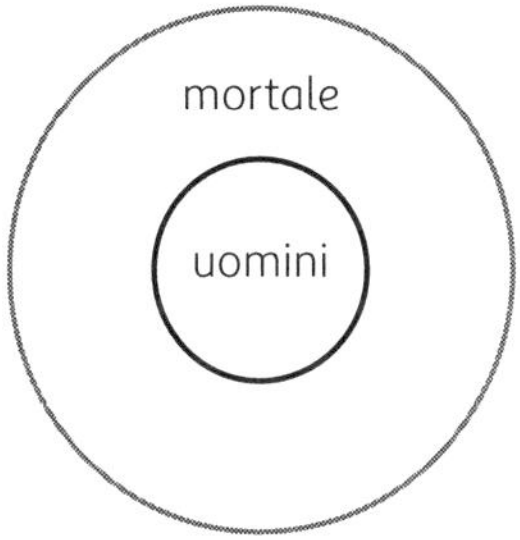

Come se non bastasse, oltre agli studi matematici Eulero si cimentò anche in quelli astronomici: il suo nome è infatti legato alla scoperta delle orbite di numerose comete.

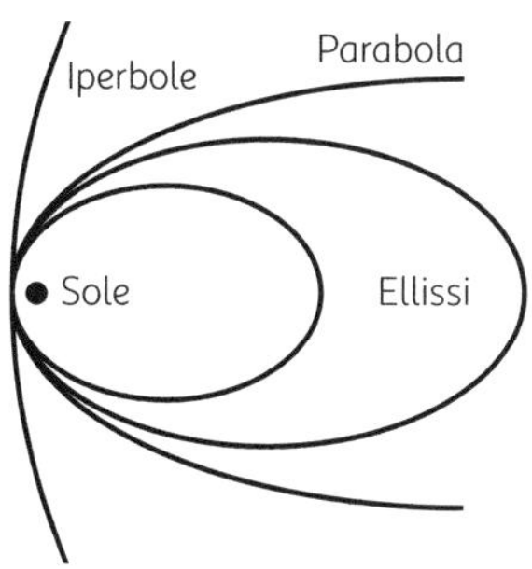

JOHN VENN

John Venn nacque a Kingston, in Inghilterra, nel 1834, e morì a Cambridge nel 1923. Fu un matematico appassionato di logica e teoria degli insiemi. I suoi libri più famosi sono *The Logic of Chance* (1866), nel quale affronta il concetto di probabilità legata al numero di esperimenti fatti, e *Symbolic Logic* (1888), dove introduce i suoi diagrammi per rappresentare graficamente gli insiemi.

IL DIAGRAMMA DI EULERO-VENN

Tra Eulero e John Venn c'è oltre un secolo di differenza: ben 127 anni per essere precisi. Quando nasce Venn, Eulero è già morto da 51 anni, allora come è possibile che abbiano lavorato insieme sui diagrammi, come tutti ci immaginiamo quando sentiamo parlare del "diagramma di Eulero-Venn"? In effetti questi due grandi scienziati non si conobbero: Venn prese in considerazione i cerchi di Eulero per rappresentare i concetti logici e di teoria della probabilità e li perfezionò. Ecco come è giunto a noi il famoso diagramma che porta il nome di questi due grandi matematici.

Una delle applicazioni del diagramma di Eulero-Venn è la rappresentazione dei numeri relativi (quelli che hanno un segno davanti)!

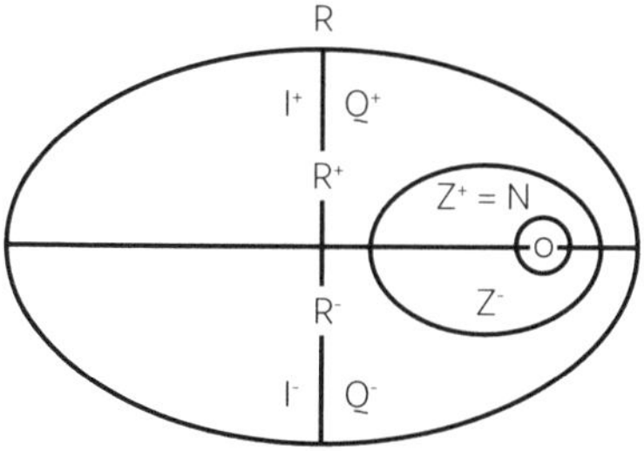

Esaminiamo le lettere che compaiono nel diagramma.
Il cerchio più grande è l'insieme R dei numeri reali relativi, che comprende i seguenti sottoinsiemi:

- Q^+ = numeri razionali relativi positivi, cioè frazioni con davanti il segno + (ad esempio $+\frac{3}{4}$);
- Q^- = numeri razionali relativi negativi, cioè frazioni con davanti il segno – (ad esempio $-\frac{3}{4}$);
- Z^+ = numeri interi relativi positivi (+6, +8, +32 ecc.), che corrispondono ai numeri naturali dell'insieme N (1, 2, 3 ecc.) in quanto positivi;
- Z^- = numeri interi relativi negativi (–3, –5, –14 ecc.), che possono essere considerati frazioni apparenti di numeri razionali negativi (ad esempio $-\frac{12}{4} = -(12:4) = -3$);
- I^+ = numeri irrazionali relativi positivi, ovvero le radici quadrate di numeri che non sono quadrati perfetti dotati di segno + davanti (ad esempio $+\sqrt{2} = 1{,}4142...$);
- I^- = numeri irrazionali relativi negativi, cioè le radici quadrate di numeri che non sono quadrati perfetti dotati di segno – davanti (ad esempio $-\sqrt{2} = -1{,}4142...$).

Anche la chimica parla il linguaggio matematico

La chimica è la scienza che studia **composizione**, **struttura** e **trasformazioni** della materia. Le trasformazioni chimiche della materia sono dette **reazioni chimiche**; in una reazione chimica le sostanze che reagiscono tra di loro sono dette "reagenti", mentre le sostanze ottenute alla fine del processo sono dette "prodotti".
Per rappresentare una reazione chimica si usa un'equazione costituita da formule e simboli, detta non a caso **equazione chimica**.

Le reazioni chimiche, nei loro processi, seguono le famose tre leggi fondamentali della chimica.

1. **Legge della conservazione della massa** (di Antoine Lavoisier): «La massa dei reagenti è uguale alla massa dei prodotti».
2. **Legge delle proporzioni definite** (di Joseph Proust): «Tutti i composti contengono sempre gli elementi in proporzioni definite e costanti».
3. **Legge delle proporzioni multiple** (di John Dalton): «La materia è costituita di particelle piccolissime e indivisibili, gli atomi; gli atomi di un elemento non possono essere convertiti in atomi di un altro elemento; essi si combinano solo con numeri interi di atomi di altri elementi».

Proviamo a rappresentare l'equazione chimica che raffigura la reazione tra ossigeno e idrogeno per la formazione dell'acqua.

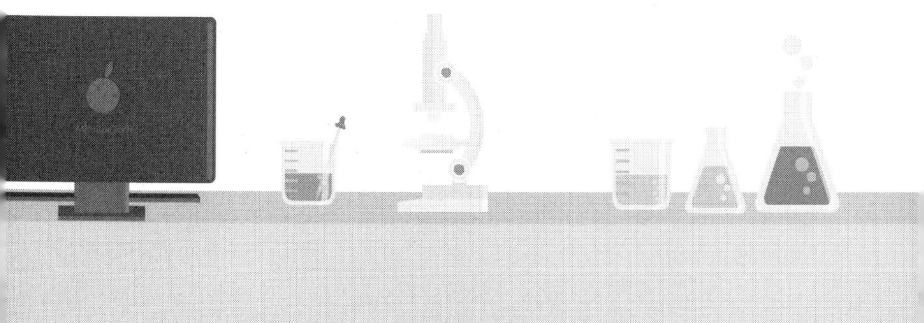

reagenti **prodotto**

$$2H_2 + O_2 \longrightarrow 2H_2O$$

Sapendo che due o più atomi formano una **molecola**, possiamo vedere che:

- H_2 = una molecola formata da 2 atomi di idrogeno;
- O_2 = una molecola formata da 2 atomi di ossigeno;
- H_2O = una molecola formata da 2 atomi di idrogeno e 1 di ossigeno.

Il numero 2 messo davanti a una molecola viene detto **coefficiente** e indica quante molecole di ciascuna specie intervengono nella reazione. La freccia indica il verso in cui avviene la reazione.
Nell'equazione precedente abbiamo dovuto prendere 2 molecole di idrogeno e una sola di ossigeno per mantenere il rapporto di 2:1 tra atomi di idrogeno e di ossigeno presente all'interno della molecola di acqua che stiamo cercando di ottenere.
Nelle equazioni chimiche il numero di atomi di un elemento presente a sinistra della freccia deve essere identico al numero presente a destra: in altre parole, non cambiano le quantità di ciascun elemento presenti prima e dopo la reazione.

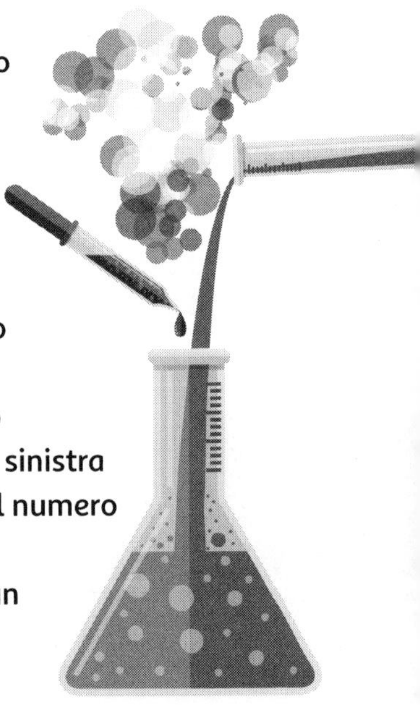

BILANCIAMO UNA REAZIONE

Mercurio e ossigeno reagiscono fra loro formando ossido di mercurio. L'ossigeno, come in generale tutti i gas, nelle reazioni chimiche è sempre in forma molecolare (ovvero nella quantità di 2 atomi), per cui troveremo scritto sempre O_2 e non semplicemente O.

$$Hg + O_2 \longrightarrow HgO$$

Scritta così, però, questa reazione non è bilanciata, perché a sinistra della freccia sono presenti 2 atomi di ossigeno, mentre a destra ce n'è uno solo. Occorre quindi inserire dei coefficienti per fare in modo che i conti tornino:

$$2Hg + O_2 \longrightarrow 2HgO$$

Proviamo a contare:

- a sinistra abbiamo due atomi di mercurio e due di ossigeno;
- a destra abbiamo due molecole di HgO, quindi in tutto 2 atomi di mercurio e 2 di ossigeno.

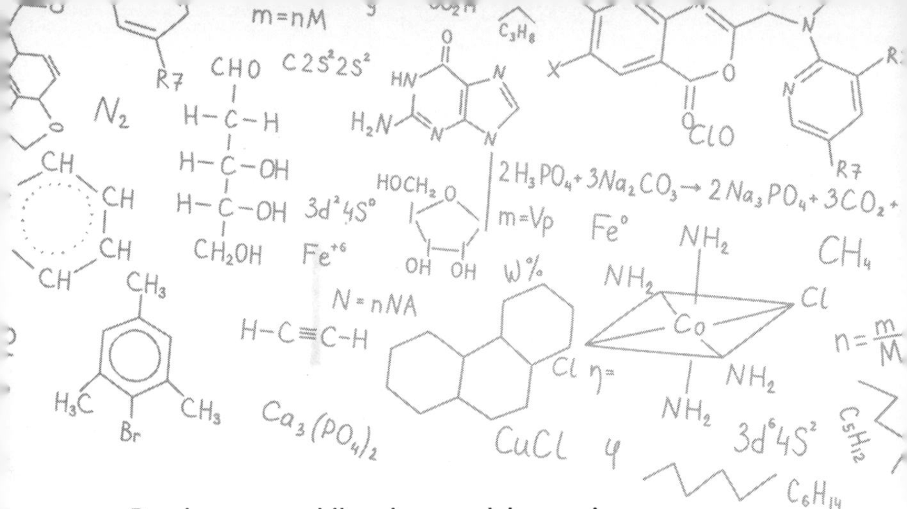

Proviamo ora a bilanciare qualche reazione:

1. $Al + HCl \longrightarrow H_2 + AlCl_3$

Dobbiamo procedere per tentativi... iniziamo dal cloro (Cl).

$Al + 3HCl \longrightarrow H_2 + AlCl_3$

Se mettiamo 3 davanti a HCl abbiamo sistemato gli atomi di cloro, ma quelli di idrogeno non vanno bene (visto che alla fine della reazione dovranno essere presenti nello stesso numero).
Proviamo ancora: metto 6 davanti a HCl perché è multiplo sia di 2 che di 3, quindi ci permette di sistemare sia gli atomi di idrogeno che quelli di cloro.
Le altre quantità vengono di conseguenza:

$\mathbf{2}Al + \mathbf{6}HCl \longrightarrow \mathbf{3}H_2 + \mathbf{2}AlCl_3$

Così va bene! Verifichiamo:

Al = 2 Al = 2
H = 6 H = 3 × 2 = 6 (3 molecole da 2 atomi)
Cl = 6 Cl = 2 × 3 = 6 (2 molecole da 3 atomi)

2. $C_3H_8 + O_2 \longrightarrow CO + H_2O$

Vediamo cosa succede con le quantità scritte così:

$C_3H_8 + O_2 \longrightarrow 3CO + 4H_2O$

Non ci siamo: gli atomi di ossigeno non sono bilanciati!
Riproviamo:

$2C_3H_8 + \mathbf{7}O_2 \longrightarrow \mathbf{6}CO + \mathbf{8}H_2O$

Così ci siamo!

QUALCHE GIOCO PER PASSARE IL TEMPO

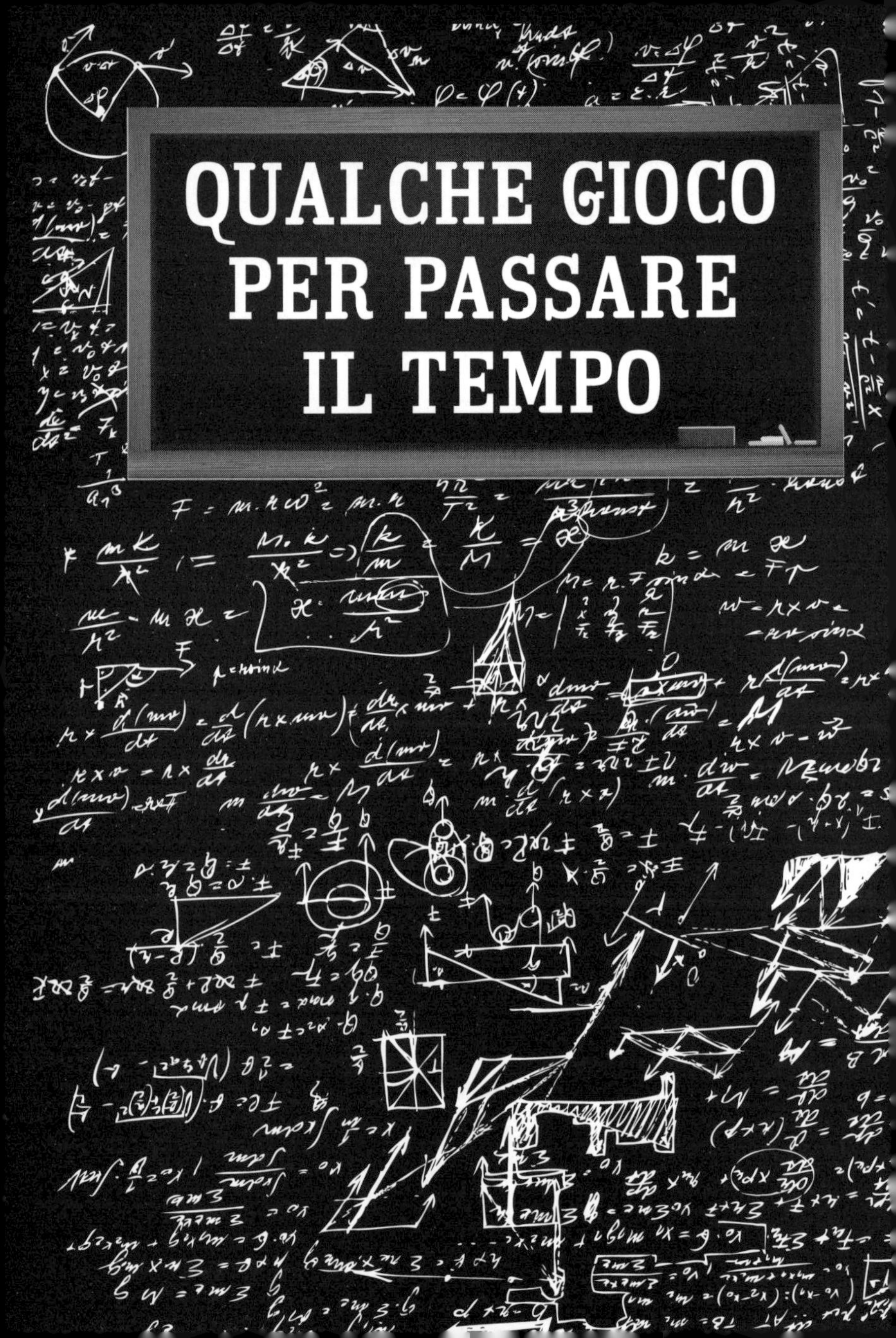

Con questo tipo di rappresentazione grafica, detta **grafico ad albero**, si può semplificare la lettura dei casi possibili:

a) testa-testa $P = \frac{1}{4} = 0{,}25 = 25\%$

b) testa-croce $P = \frac{2}{4} = \frac{1}{2} = 0{,}5 = 50\%$

c) croce-croce $P = \frac{1}{4} = 0{,}25 = 25\%$

Utilizzando questo grafico è anche possibile rispondere alle seguenti domande:

a) quante probabilità ci sono che dalla prima moneta esca testa e dalla seconda esca croce?
b) quante probabilità ci sono che dalla prima moneta esca croce e dalla seconda testa?

Basta numerare le monete:

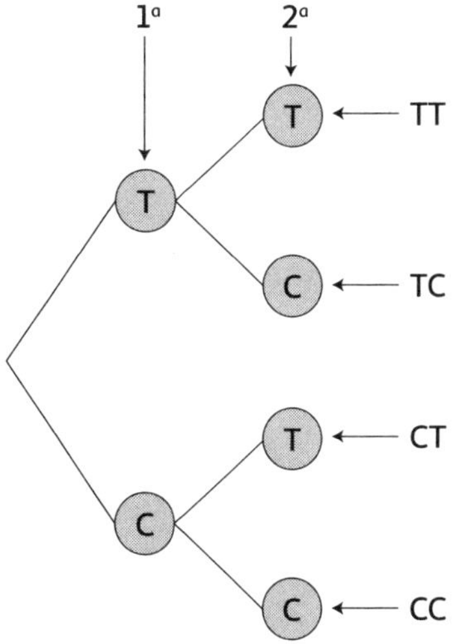

a) 1ª testa 2ª croce
$P = \frac{1}{4} = 0{,}25 = 25\%$

b) 1ª croce 2ª testa
$P = \frac{1}{4} = 0{,}25 = 25\%$

Due sacchetti contengono un certo numero di biglie colorate.

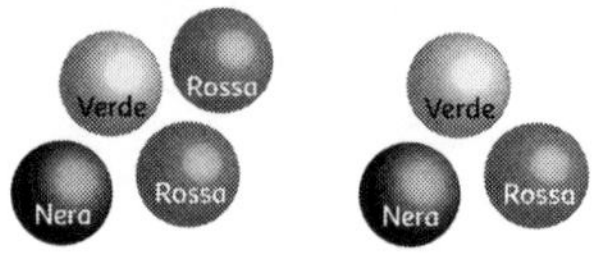

1° sacchetto 2° sacchetto

Quante probabilità ci sono di estrarre una coppia di biglie dei seguenti colori?

a) Due biglie rosse.
b) Due biglie verdi.

Anche in questo caso, per trovare la soluzione l'ideale è servirsi di un grafico ad albero.

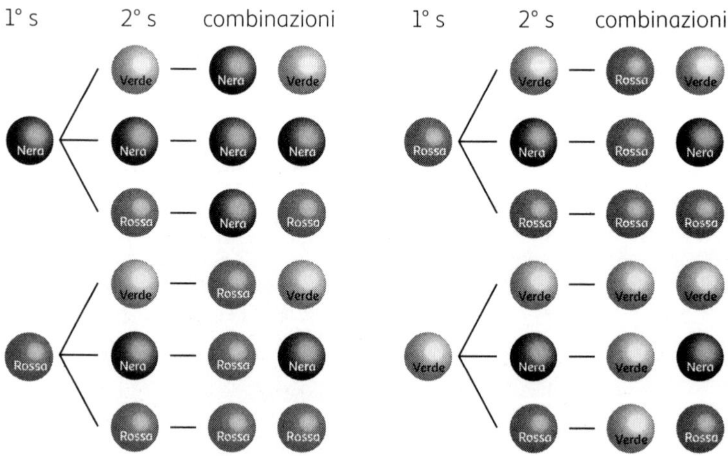

Le combinazioni possibili sono 12, visto che ci sono 4 biglie in un sacchetto e 3 nell'altro ($4 \times 3 = 12$).
Dal grafico è possibile vedere che, di queste 12 possibilità, due sono quelle che contemplano due biglie rosse, mentre c'è una sola possibilità di estrarne due verdi:

- rossa-rossa $P = \frac{2}{12} = \frac{1}{6}$
- verde-verde $P = \frac{1}{12}$

ORA PROVATE VOI

Quante possibilità ci sono che:

a) Esca una pallina rossa dal primo sacchetto e una verde dal secondo?
b) Esca una pallina nera dal primo sacchetto e una nera dal secondo?
c) Escano una pallina verde e una rossa, senza un ordine specifico?

Ti voglio un googol di bene!

Provate a immaginare un **1 seguito da 100 zeri** (che si può scrivere anche, sotto forma di potenza, come 10^{100}): è il numero che il matematico statunitense Edward Kasner usò nel 1938 per rappresentare una quantità incredibilmente grande che rendesse l'idea di infinito.

A questo numero diede il nome **googol**, su consiglio del suo nipotino Milton di 9 anni.
Quando fondarono il loro famoso motore di ricerca, **Larry Page** e **Sergey Brin** scelsero come nome proprio **googol**, perché il loro sogno era quello di indicizzare "un googol di pagine"; tuttavia, per un errore di registrazione del dominio, il nome venne cambiato nella grafia attuale, ovvero Google.
In seguito Page e Brin decisero di chiamare la sede dei loro uffici **Googolplex**, un altro termine coniato sempre da Kasner che sta a indicare il numero 10^{googol} (10 elevato alla googol, ovvero un **1 seguito da un googol di zeri**).

Il falegname e il tavolo rotondo

A un falegname viene chiesto di costruire un tavolo rotondo, dotato di un supporto che funga da piede centrale.
Il falegname accetta molto volentieri il lavoro ma, giunto il momento di unire il supporto alla tavola, si accorge di non essere in grado di trovare il centro di quest'ultima.
Dopo mille prove arriva stremato alla fine della giornata di lavoro senza essere riuscito a risolvere il problema.
Vediamo se possiamo aiutarlo!

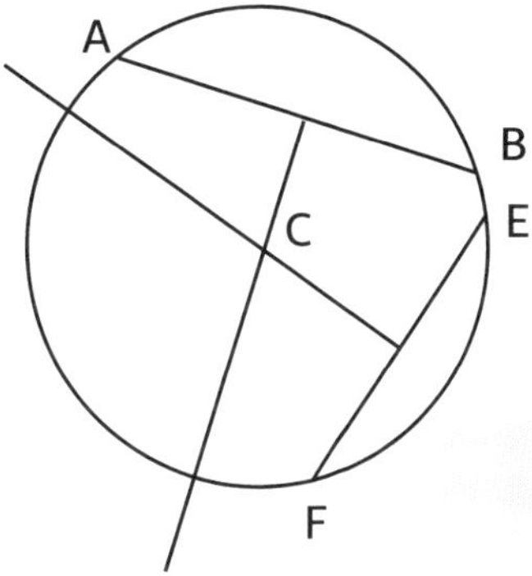

Dato un cerchio, se vogliamo trovare il suo centro possiamo costruire due corde a nostra scelta AB e EF (una **corda** è un segmento che unisce due punti distinti di una circonferenza); una delle proprietà delle corde è che la retta a essa perpendicolare e passante per il suo punto medio passa anche per il centro della circonferenza a cui la corda appartiene.
Se tracciamo le rette perpendicolari a ciascuna corda nel loro punto medio (dette anche **assi della corda**), il loro punto di incontro sarà proprio il centro della circonferenza che stavamo cercando!

LEIBNIZ

IL PADRE DEL SISTEMA BINARIO

Gottfried Wilhelm von Leibniz (Lipsia 1646 – Hannover 1716) ha lasciato una traccia della propria genialità in svariati settori della conoscenza umana, dalla filosofia alla matematica e alla fisica, dalla storia alla giurisprudenza, fino all'informatica!

SCIENZIATO A TUTTO TONDO

Venuto a conoscenza dell'esistenza della **pascalina**, la rudimentale calcolatrice ideata da Blaise Pascal nel 1642, capace di effettuare solo somme e sottrazioni, decise di perfezionarla e di portarla a eseguire anche moltiplicazioni e divisioni. Inventò così un modello di macchina diventato famoso proprio come "calcolatrice di Leibniz" (ma conosciuto anche con il nome inglese di **stepped reckoner**, ovvero «calcolatrice a scatti») introducendo un tamburo a denti scalati (detto *stepped drum*) per memorizzare il moltiplicando.

Leibniz elaborò anche un nuovo linguaggio matematico come sistema operativo della sua calcolatrice, ideando un sistema di numerazione a due cifre, il sistema binario, al quale giunse dopo essere venuto a conoscenza dell'*I Ching*, o *Libro dei mutamenti*.
In questo famoso trattato cinese, probabilmente scritto dall'imperatore Fuxi, erano rappresentati 64 esagrammi (ovvero gruppi di sei linee), formati solo da linee continue (**yang**) e tratteggiate (**yin**), nelle quali il grande matematico tedesco intravide proprio i numeri 1 e 0 che formeranno la base del suo sistema binario.

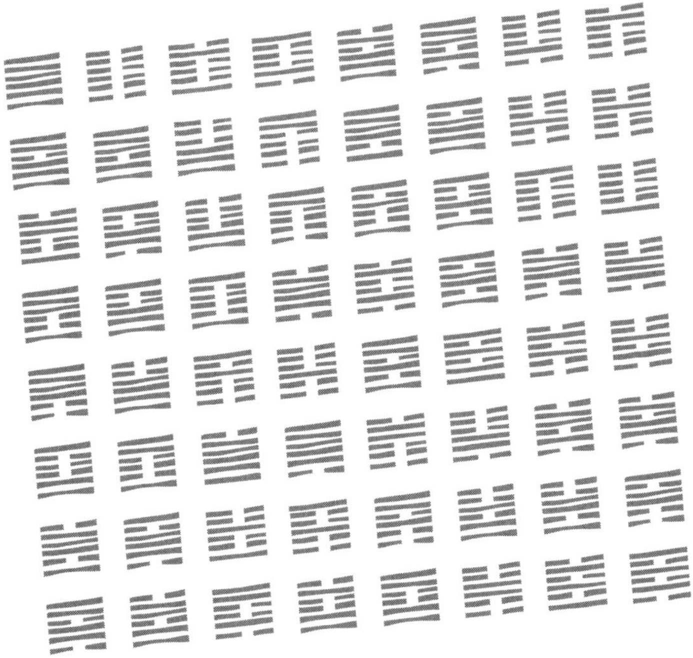

I 64 esagrammi presenti nell'*I Ching*.

Risale al marzo del 1679 un suo breve manoscritto intitolato *De progressione dyadica*, nel quale compaiono i numeri da 1 a 100 espressi in numerazione binaria. Il manoscritto originale è conservato nella Stadt Bibliothek di Hannover. Alla morte di Leibniz, il suo consigliere fece apporre un ornamento sulla sua bara che mostrava un **1 all'interno di uno 0** con l'iscrizione «OMNIA AD UNUM», in onore del sistema binario da lui sviluppato.

IL SISTEMA BINARIO

Nel sistema di numerazione binario, detto anche "in base due", i numeri possono essere composti solo dalle cifre 0 e 1. Vediamo come si procede per trasformare i numeri **in base 10** (quelli che usiamo normalmente) in numeri espressi **in base 2**.
Lo **0** e l'**1** rimangono invariati. Partiamo quindi dalla trasformazione del numero **2**. Dobbiamo dividere per 2 il numero fino a quando il risultato della divisione è zero; a fianco di ogni divisione scriviamo il resto:

2 : 2 = 1	resto 0	↑
1 : 2 = **0**	resto 1	si legge dal basso verso l'alto

Il numero 2 espresso in base 2 è quindi 10
(si legge "uno-zero", non "dieci"!) ed è dato dai resti delle successive divisioni per due, letti dal basso verso l'alto. Le divisioni per 2 si continuano a effettuare fino a quando il quoziente è **0**.

Trasformiamo in base 2 il numero 3:

3 : 2 = 1 resto 1

1 : 2 = 0 resto 1

Il numero 3 espresso in base 2 è 11 ("uno-uno").

Possiamo anche scrivere:

$2_{10} = 10_2$ 2 in base 10 è uguale a 10 in base 2

$3_{10} = 11_2$ 3 in base 10 è uguale a 11 in base 2

Ora proviamo a trasformare in base 2 il numero 4:

4 : 2 = 2 resto 0

2 : 2 = 1 resto 0

1 : 2 = 0 resto 1

Il numero 4 espresso in base 2 è 100 ("uno-zero-zero").

Ecco una lista dei primi 10 numeri trasformati dalla base 10 alla base 2.

Numero base 10	Numero base 2
0	0
1	1
2	10
3	11
4	100
5	101
6	110
7	111
8	1000
9	1001
10	1010

LE QUATTRO OPERAZIONI IN BASE 2

Addizione

Per addizionare i numeri in base 2 seguiamo queste regole:

0 + 0 = 0
0 + 1 = 1
1 + 0 = 1
1 + 1 = 10

Provami a sommare 101 a 1011.

```
  1 1 1
    1 0 1 +
  1 0 1 1 =
----------
1 0 0 0 0
```

(1 + 1 = 0 con riporto 1)
(1 + 1 di riporto = 0 con riporto 1)
(1 + 1 di riporto = 0 con riporto di 1)
(1 + 1 = 10 perché si trova all'inizio e non si riporta)

Proviamo a sommare 110 e 111

```
  1 1 0 +
  1 1 1 =
---------
1 1 0 1
```

(1 + 0 = 1)

(1 + 1 = 0 con riporto di 1)

(1 + 1 + 1 di riporto =

10 + 1 = 11)

Sottrazione

Per eseguire la sottrazione in base 2 seguiamo queste regole:

0 – 0 = 0

0 – 1 = 1 (con prestito di 1 dalla colonna precedente)

1 – 0 = 1

1 – 1 = 0

Proviamo a sottrarre 100 da 111

```
  1 1 1 –
  1 0 0 =
---------
  0 1 1
```

(lo zero davanti non conta, quindi il risultato è 11)

(1 – 0 = 1)

(1 – 0 = 1)

(1 – 1 = 0)

Moltiplicazione

Per moltiplicare i numeri in base 2 seguiamo queste regole:

$0 \times 0 = 0$
$0 \times 1 = 0$
$1 \times 0 = 0$
$1 \times 1 = 1$

Proviamo a moltiplicare 101 x 11

```
  1 0 1 ×
    1 1 =
---------
  1 0 1
1 0 1 -
---------
1 1 1 1
```

Divisione

Proviamo a dividere 1111 : 101

```
1 1 1 1  | 1 0 1
1 0 1    |------
-------- | 1 1
 “1 0 1  |
  1 0 1  |
-------- |
  “ “ “  |
```

Espressione con i numeri in base 2

(10010 : 110 + 1001) × 101 – 100100 =

(11 + 1001) × 101 – 100100 =

1100 × 101 – 100100 =

111100 – 100100 = **11000**

Operazioni eseguite nell'espressione:

```
 1 0 0 1 0 | 1 0 1
   1 0 1   |------
-----------| 1 1
 “”1 1 0   |
   1 1 0   |
-----------|
   “ ” “   |
```

```
      1 1 ×
  1 0 0 1 =
-----------
  1 1 0 0
```

```
  1 1 0 0 ×
    1 0 1 =
-------------
  1 1 0 0
0 0 0 0 -
1 1 0 0 -
-------------
1 1 1 1 0 0
```

```
1 1 1 1 0 0 -
1 0 0 1 0 0 =
-------------
“ 1 1 0 0 0
```

Passiamo dalla base 2 alla base 10

Dato un numero in base 2, possiamo trasformarlo in un numero in base 10 adottando questo procedimento. Prendiamo per esempio il numero 1010_2; per trasformarlo in base 10 moltiplichiamo ogni sua cifra (partendo da destra) per le potenze di 2 corrispondenti a ogni posizione, quindi sommiamo i risultati ottenuti.

$$1\,0\,1\,0 = 0 \times 2^0 + 1 \times 2^1 + 0 \times 2^2 + 1 \times 2^3 = 0 + 2 + 0 + 8 = 10$$

↓ ↓ ↓ ↓

$2^3\ 2^2\ 2^1\ 2^0$

$$1\,0\,0\,1\,0\,0 = 0 \times 2^0 + 0 \times 2^1 + 1 \times 2^2 + 0 \times 2^3 + 0 \times 2^4 + 1 \times 2^5 =$$
$$0 + 0 + 4 + 0 + 0 + 32 = \mathbf{36}$$

Per eseguire la trasformazione è anche possibile utilizzare questa tabella.

2^9	2^8	2^7	2^6	2^5	2^4	2^3	2^2	2^1	2^0
512	256	128	64	32	16	8	4	2	1
						1	0	1	1

8 + 2 + 1 = **11**

Inserite i numeri nella tabella mettendo l'ultima cifra del numero nell'ultima casella della tabella e sommate le potenze che corrispondono agli 1 (le altre si annullano perché vengono moltiplicate per zero).

GIOCHIAMO IN BASE 2

1. Degli extraterrestri comunicano tra loro utilizzando, come parole, solamente numeri in base 2. Per esempio, "acqua" per loro corrisponde a "1-11-1111-10011-1". Dopo aver decifrato la chiave che lega il nostro linguaggio a quello alieno, traducete la seguente frase:

1001-1010 1110-1001-1-1100-101-10010-1 10010-101-10000-10000-1 101' 1001-1010 1110-1001-10100 10-101-1010-1010-1101 100-101-1010-1010' 10011- 1100-1001-10100-101-10000-10001-1101 1011-1101-10000-11

2. Completate la seguente tabella:

×		1010		1110	
10	110		10		
11					
101					
110			110		1000010
1001					

LEONARDO PISANO

DETTO FIBONACCI

Leonardo Fibonacci nacque a Pisa intorno al 1170. Dal cognome del padre, Guglielmo Bonacci, ebbe origine il suo soprannome Fibonacci: “filius Bonaccii”.

Il padre, ricco mercante, svolgeva la carriera diplomatica presso la dogana di Bugia in Algeria, e Leonardo lo seguì in tutti i suoi spostamenti.
Come lui stesso scrive, frequentò la “scuola di conto” presso un maestro musulmano, che gli fece conoscere la matematica introdotta in quelle terre dagli indiani, molto diversa da quella diffusa all’epoca nei Paesi occidentali.
Tornato a Pisa scrisse diversi libri tra cui, nel 1202, il *Liber abaci*, col quale introdusse in Europa la numerazione indo-araba. Questo manoscritto (la stampa a quel tempo non esisteva ancora!) in lingua latina inizia con la presentazione delle cifre usate dagli indiani per scrivere i numeri, che Leonardo propone come alternativa ai numeri romani usati fino a quel tempo.

Il sistema di numerazione indo-arabico è decimale e posizionale (è il sistema di numerazione che usiamo oggi), le cifre hanno cioè un valore in base alla posizione che occupano, pertanto prevede l'uso dello zero, sconosciuto nella numerazione romana, per occupare gli spazi che non hanno alcuna cifra. Fibonacci sceglie il nome *zephirum* per la cifra 0, rendendolo noto al mondo occidentale (l'uso dello zero risale al matematico arabo al-Khwarizmi, ma Fibonacci introdusse il termine "zero").
Nel *Liber abaci* vengono trattati anche temi pratici, utili ai mercanti, come i problemi relativi alle transazioni commerciali e alla conversione delle monete in uso nei Paesi mediterranei (oggi le chiameremmo "questioni sul cambio delle valute"). Fibonacci descrive nel suo libro tre tipi di frazioni: comuni, sessagesimali e a numeratore unitario; la sua predilezione andava però a queste ultime, tanto da dedicare un intero capitolo alla sostituzione delle frazioni comuni con quelle a numeratore unitario, inserendo anche tavole di conversione per passare da un tipo all'altro.

Per esempio, invece di scrivere $\frac{5}{6}$
preferiva scrivere $\frac{1}{3}\ \frac{1}{2}$

La somma di queste due frazioni è infatti:

$$\frac{1}{3} + \frac{1}{2} = \frac{2+3}{6} = \frac{5}{6}$$

Un altro aspetto molto originale del *Liber abaci* è dato dalla presenza di veri e propri rompicapi, molto simili a quelli usati ai giorni nostri nei test di logica e nei giochi matematici.
Uno dei più famosi è quello dei conigli, per la cui soluzione il matematico pisano si servì di una serie di numeri che divenne nota come "Successione di Fibonacci"; proprio grazie a questa successione tutta la sua opera acquistò enorme notorietà, prima in Europa e poi in tutto il mondo.
Ancora oggi viene pubblicato negli Stati Uniti un periodico matematico intitolato "The Fibonacci Quarterly", dedicato all'aritmetica correlata alla successione di Fibonacci.

IL PROBLEMA DEI CONIGLI E LA SUCCESSIONE DI FIBONACCI

«Un tale mise una coppia di conigli in un luogo completamente circondato da un muro, per scoprire quante coppie di conigli discendessero da questa in un anno: per natura le coppie generano ogni mese un'altra coppia e cominciano a procreare a partire dal secondo mese dalla nascita».

Esaminiamo il problema

La prima coppia A di conigli si riproduce già nel primo mese, quindi avremo:

- 1° mese: coppia A + B nuova
  (A fa nuova coppia C)
- 2° mese: coppie A + C + B = 3
  (A fa la nuova coppia D e B fa E)
- 3° mese: coppie A D C E B = 5
  (E così ogni mese si riproducono solo le coppie vecchie)
- 4° mese: 8 coppie
- 5° mese: 13 coppie
- 6° mese: 21 coppie
- 7° mese: 34 coppie
- 8° mese: 55 coppie
- 9° mese: 89 coppie
- 10° mese: 144 coppie
- 11° mese: 233 coppie
- 12° mese: 377 coppie

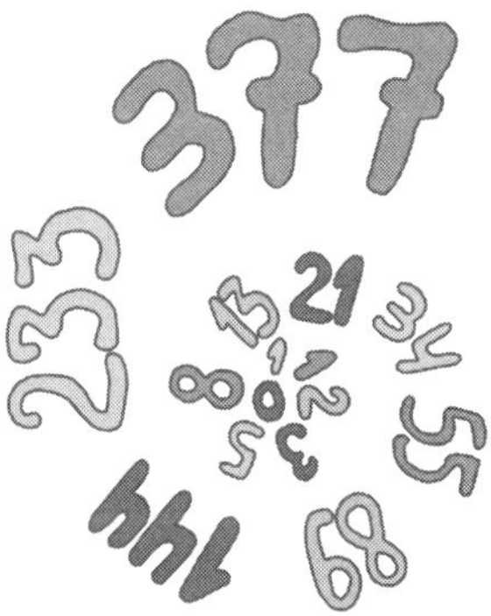

Dopo un anno avremo quindi 377 coppie di conigli.

Se esaminiamo il numero delle coppie dei conigli ottenute ogni mese vediamo che esso è dato dalla somma dei numeri dei due mesi precedenti.
Partiamo da una coppia e otteniamo:

1, 2, 3, 5, 8, 13, 21, 34, 55, 89, 144, 233, 377

1 + 2 = 3   2 + 3 = 5   3 + 5 = 8   5 + 8 = 13   ecc.

La successione ideata da Fibonacci, derivata dalla soluzione del problema dei conigli, è:

1, 1, 2, 3, 5, 8, 13, 21, 34, 55...

Ciascun numero è la somma dei due termini precedenti (si inizia con la cifra 1 presa due volte in modo che la somma 1 + 1 dia 2).

LA SEZIONE AUREA E LA SUCCESSIONE DI FIBONACCI

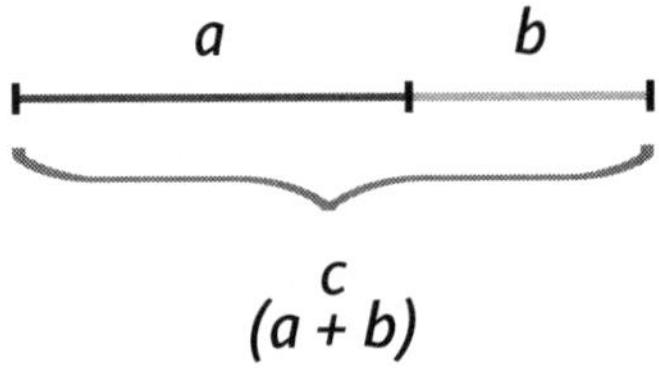

Prendiamo in considerazione il segmento **c**: se lo dividiamo in 2 parti che rispettino la seguente proporzione:

$$(a + b) : a = a : b$$

potremo ricavare:

$$\frac{a+b}{a} = \frac{a}{b} = \varphi = 1{,}6180339887...$$

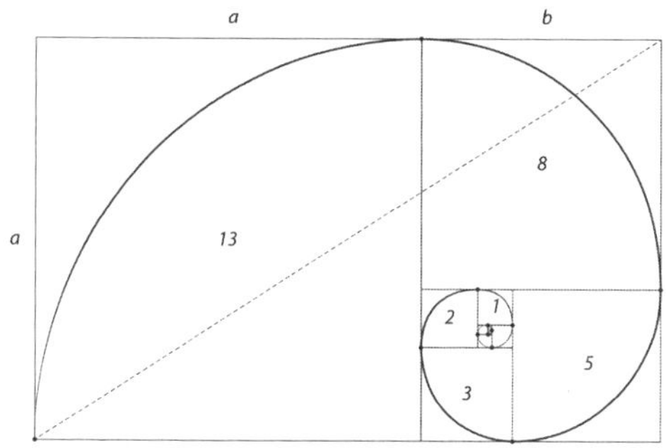

$$\frac{a+b}{a} = \frac{b}{a} = 1.618$$

Sezione aurea

La lettera greca φ (*phi*, si legge "fi") rappresenta il rapporto costante tra le parti del segmento e ha come valore il numero irrazionale illimitato 1,6180339887...
In pratica, il segmento **c** deve essere costruito in modo tale che la parte più lunga **a** sia medio proporzionale tra la lunghezza di tutto il segmento e la parte più corta **b**.
La costante φ viene definita "sezione aurea" o "numero aureo", ma è conosciuta anche come "numero magico" o "costante di Fidia". Tra l'altro, è proprio la lettera iniziale, in greco antico, del nome di Fidia, l'architetto-scultore vissuto nell'Atene di Pericle dal 490 al 430 a.C., che utilizzò la proporzione aurea in molte delle proprie opere, come ad esempio il Partenone.

φ is a magic number

Qualcosa di magico il numero aureo lo racchiude davvero, in quanto è ricorrente nelle proporzioni di molte forme presenti in natura: il corpo umano, conchiglie, fiori, semi...

Nota fin dai tempi di Pitagora, la costante φ acquista un significato misterioso dal Rinascimento. Proprio in questo periodo il rapporto aureo viene riconosciuto come una sorta di canone estetico presente in tutto il creato. Parte così una vera e propria caccia al *phi*.
D'altro canto non lo si trova solo nel mondo naturale, ma anche in molte creazioni dell'uomo, dalla Grande Piramide di Giza all'Arco di Costantino a Roma, a molte opere di grandi maestri rinascimentali.
Leonardo Da Vinci nell'*Uomo vitruviano* stabilì che le proporzioni umane sono perfette quando l'ombelico divide l'uomo in modo aureo, e anche la *Gioconda* può essere suddivisa in rettangoli nei quali le parti raffigurate sottostanno alle regole della proporzione aurea.
Il grande architetto francese Le Corbusier ideò nel 1948 il *Modulor* (*Module d'or*, «modulo d'oro»),

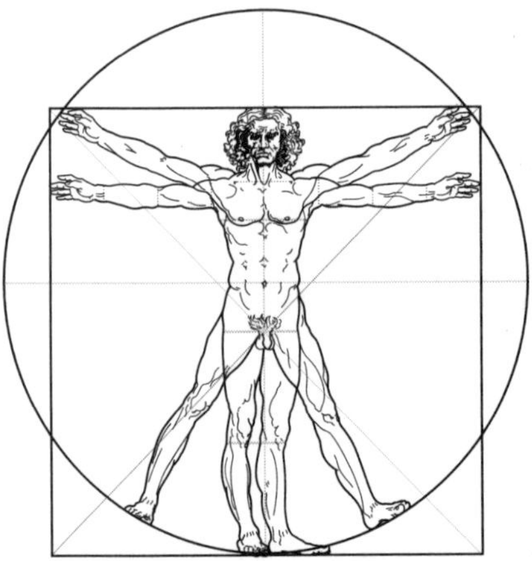

L'*Uomo vitruviano*

La *Gioconda*

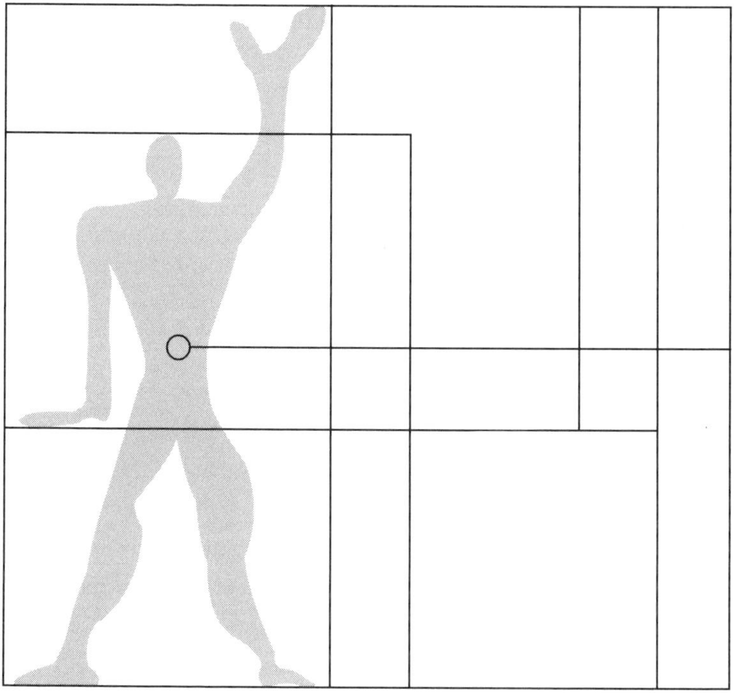

Un disegno schematico che riproduce il *Modulor* di Le Corbusier.

una scala di proporzioni basata sulle misure umane ripresa proprio dall'*Uomo vitruviano* di Leonardo, pertanto sulla proporzione aurea.
Ancora oggi, il mito della sezione aurea continua! L'uccellino di Twitter è stato costruito per mezzo di circonferenze sovrapposte con i diametri che rispettano la proporzione aurea.
Pare che anche la Apple abbia rispettato la "successione" nella sua prima "mela" e nel logo di iCloud.

KEPLERO

IL NUMERO AUREO E LA SUCCESSIONE DI FIBONACCI

Giovanni Keplero, astronomo, ottico, matematico e musicista, nacque a Weil der Stadt, in Germania, nel 1571. Noto per aver formulato le tre leggi sulle orbite planetarie che tuttora portano il suo nome, per primo affermò che tali orbite sono ellittiche e non circolari; è altrettanto famoso per aver scoperto una relazione tra la successione di Fibonacci e la costante aurea, da lui definita "numero divino".
Egli scoprì che il rapporto tra due numeri contigui della successione di Fibonacci, arrotondato per difetto o per eccesso, tende al valore della costante aurea (cioè è molto vicino a esso).
Keplero trovò ricorrenti presenze del numero aureo nel moto degli astri e per primo immaginò a quali profondità potesse giungere la serie di Fibonacci, «che di essa ne sono pervase, oltre che la matematica, anche la metafisica, l'estetica e le scienze della natura».

Proviamo ora a cercare il numero aureo nel rapporto tra due numeri successivi della successione di Fibonacci:

Numero aureo $\varphi = 1,6180339887...$

Per trovare il valore del rapporto tra 2 numeri contigui della successione di Fibonacci, dividiamo il numeratore per il denominatore di ogni frazione:

$\frac{5}{3} = 1,666...$

$\frac{8}{5} = 1,6$

$\frac{13}{8} = 1,625$

$\frac{21}{13} = 1,615$

$\frac{34}{21} = 1,6190...$

Il rapporto si avvicina sempre di più al numero aureo mano a mano che gli elementi aumentano di grandezza, cioè al tendere di **n** (numero) all'infinito:

$\frac{377}{233} = 1,618025...$

$\frac{610}{377} = 1,6180371...$

$\frac{987}{610} = 1,6180327.$

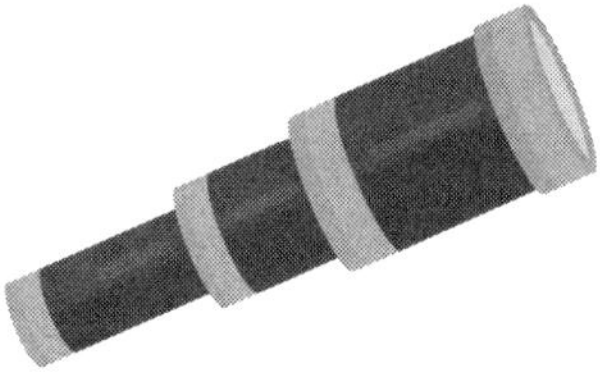

«Credo che da questa proporzione geometrica abbia preso spunto il Creatore quando introdusse la creazione del simile dal simile, che prosegue anch'essa indefinitamente.»
Chissà... forse Keplero ci aveva visto lungo!

Imperial System o Sistema internazionale? This is the question

Poveri inglesi, che confusione!
Sono ancora molti in Inghilterra i sostenitori della British Weights and Measures Association, un gruppo di ferventi sostenitori delle unità di misura imperiali.
A tutt'oggi, oltremanica, convivono due sistemi di misura: l'antico Sistema di misura imperiale britannico, adottato nel 1824, e il Sistema Internazionale (sigla SI), più noto come sistema metrico decimale, che dal 1995 dovrebbe essere quello ufficiale. In altre parole, a scuola si studiano metri, chili e litri, ma al bar si ordinano ancora le pinte di birra.
Molte di queste unità di misura qualche problemino l'hanno certamente creato anche a noi... chissà quanti, infatti, si saranno domandati, al momento dell'acquisto di un televisore da 42 pollici: "Ci starà o non ci starà nel mobile del salotto?".
Proprio nel caso dello schermo del televisore, farsi un'idea delle sue dimensioni in centimetri è ancora più complicato, perché non solo la misura è in pollici, ma in più si riferisce alla diagonale del rettangolo, non a uno dei suoi lati.

Se vogliamo venire a capo del problema, per prima cosa possiamo convertire in centimetri la diagonale.
Sapendo che 1 pollice (in) equivale a 2,54 cm, basta fare una semplice moltiplicazione:

Per calcolare le dimensioni dello schermo (ovvero i lati del rettangolo) abbiamo bisogno di un'altra informazione, che troviamo indicata sulla scheda tecnica con le caratteristiche del prodotto: il formato dello schermo stesso.
Quello più diffuso nei nuovi televisori è 16:9;
si tratta di un valore che indica il rapporto tra la base (lunghezza) e l'altezza del rettangolo rappresentato dallo schermo.

ADESSO ENTRA IN GIOCO LA MATEMATICA

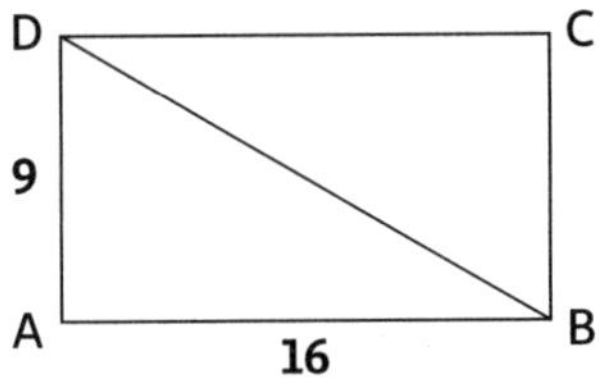

Se il rapporto tra i lati è 16:9, possiamo immaginare che AB sia diviso in 16 parti e AD in 9 parti (con tutte queste parti, ovviamente, uguali tra loro). Con l'applicazione del teorema di Pitagora, troviamo in quante parti è divisa la diagonale:

$$BD = \sqrt{16^2 + 9^2} = \sqrt{256 + 81} = \sqrt{337} = 18,3576$$

Questo valore in "parti" della diagonale può essere confrontato con la misura di 106,68 cm trovata precedentemente. Ora, per ottenere il valore dei due lati AB e AD in cm, basta usare una proporzione.

- Prima proporzione per trovare la misura della base AB:

16	:	x	=	18,3576	:	106,68
(misura in parti di AB)	sta	(misura in cm di AB)	come	(misura in parti di BD)	sta	(misura in cm di BD)

Da cui ricaviamo:

$$X = \frac{16 \times 106,68}{18,3576} = 92,979... \cong 92,98 \text{ cm (misura in cm di AB)}$$

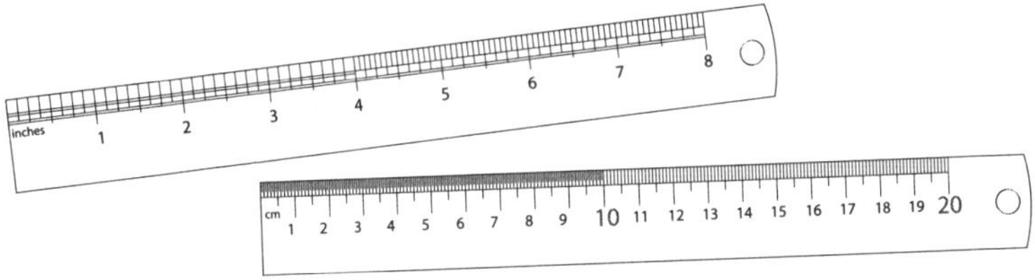

- Seconda proporzione per trovare la misura dell'altezza AD:

9	:	Y	=	18,3576	:	106,68
(mis. in parti di AD)	sta	(mis. in cm di AD)	come	(mis. in parti di BD)	sta	(mis. in cm di BD)

Da cui ricaviamo:

$X = \frac{9 \times 106{,}68}{18{,}3576} = 52{,}300... \cong 52{,}3$ cm (misura in cm di AD)

Per muoverci più velocemente (ed evitare di fare tutti questi calcoli) possiamo procedere così:

1. Trasformiamo la diagonale da pollici (in) in centimetri moltiplicando il valore dei pollici per 2,54.
2. Calcoliamo il numero fisso (detto **fattore di scala**), che per un formato 16:9 si ottiene dividendo la diagonale in centimetri per 18,3576.

$$\text{numero fisso} = \frac{\text{diagonale in cm}}{18{,}3576}$$ *formula generale*

Nel caso del televisore da 42 pollici:

$$\text{numero fisso} = \frac{106{,}68}{18{,}3576} = 5{,}8112$$

3. Una volta calcolato il numero fisso, lo moltiplichiamo sia per 16 che per 9 per trovare le misure della base e dell'altezza del nostro schermo in centimetri:

AB (base) = 5,8112 × 16 = 92,97 cm ≅ 93 cm
AD (altezza) = 5,8112 × 9 = 52,30 cm ≅ 52 cm

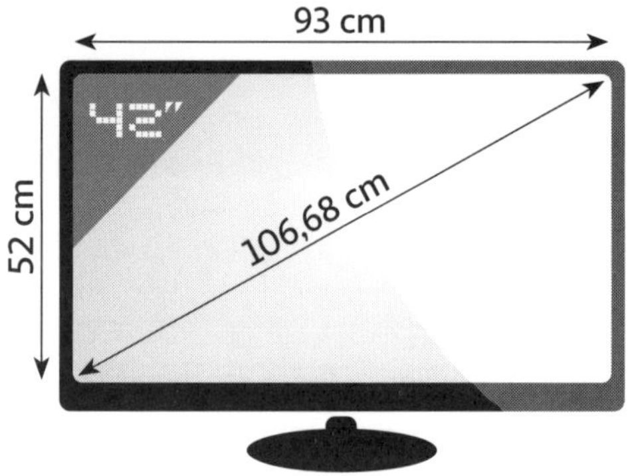

Dimensioni di un televisore da 42 pollici (in) - Formato 16:9

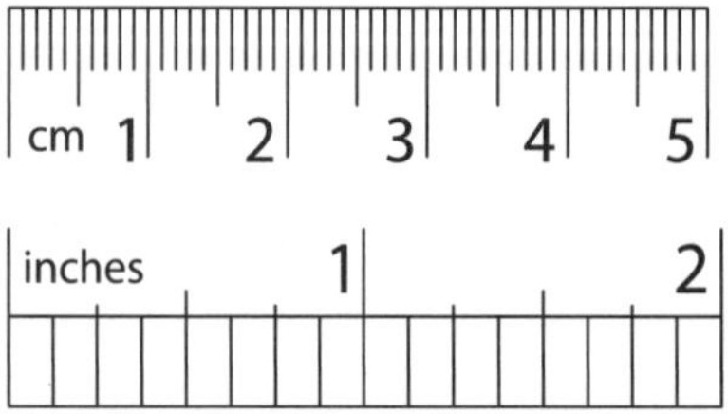

Tabella per convertire alcune misure dal Sistema imperiale al Sistema Internazionale.

Sistema imperiale	Simbolo	Sistema internazionale
Unità di lunghezza		
Pollice	in	2,54 cm
Piede	ft	30,48 cm
Iarda	yd	91,44 cm
Miglio	mi	1.609,344 m
Unità di massa		
Oncia	oz	28,349 g
Libbra	lb	453,59 g
Unità di capacità		
Gallone	gal	4,54 l
Pinta	pt	0,568 l

Tabella con i formati dei dispositivi più in uso.

Formato	Dispositivo	Diffusione
16:9	Monitor, PC, TV, smartphone	Molto diffusi
16:10	Notebook, tablet	
4:3	PC (detti a "schermo quadrato", come i vecchi televisori)	Non molto diffusi
21:9	PC (hanno il formato cinemascope dei film hollywoodiani)	Ottimi per i videogiochi e per l'ufficio

QUALCHE GIOCO PER PASSARE IL TEMPO

ORA PROVATE VOI

1. Completate la tabella inserendo le misure mancanti.

Dispositivo	Diag. in pollici	Diag. in cm	Formato	Lungh.	Alt.
Smartphone	4,2		16:9		
Pc	29		21:9		
Tablet	12,1		16:10		
Tv	50		16.9		

2. Mauro va al pub con gli amici, beve 2 pinte di birra e spende 9 €. Quanto costa la birra di Mauro al litro?

________ €/l

3. Sapendo che 1 iarda (yard) = 3 piedi (foot) = 36 pollici (inch), a quanti piedi e a quanti pollici corrispondono 2,5 yd?

________ ft ________ in

4. La capacità del serbatoio dell'auto di Marco è di 45 l*. Ieri Marco ha messo 54,6€ di benzina pagandola 1,56 €/l. Quanti galloni di benzina mancano al serbatoio di Marco per essere pieno?

____

* Il simbolo di litri è **l** (elle minuscola) ma dal 1979 il National Institute of Standards and Technology degli Stati Uniti ha approvato come alternativa il simbolo **L** (elle maiuscola) per evitare confusioni con il numero 1 o la i.

LA MATEMATICA AL CINEMA

L'UOMO CHE VIDE L'INFINITO

Robert Kanigel, nel libro *L'uomo che vide l'infinito* del 1991, dal quale nel 2015 è stato tratto un film di successo, con Dev Patel nella parte di Ramanujan e Jeremy Irons in quella di Godfrey Hardy, intreccia le storie di due grandi matematici vissuti nella prima metà del 1900: Srinivasa Ramanujan e Gogfrey Hardy.

«È la storia dello scontro culturale tra l'india e l'occidente» scrive Kanigel «tra le primitive dimostrazioni della matematica occidentale e i misteriosi poteri intuitivi con cui Ramanujan abbagliò allo stesso modo Oriente e Occidente.»

SRINIVASA RAMANUJAN

Ramanujan, un genio con eccezionali intuizioni matematiche ma con conoscenze limitate della materia, tanto da non essere in grado di dimostrare i suoi teoremi, era un indiano di famiglia poverissima, che visse la propria infanzia circondato dalla spiritualità della casta elevata dei Brahmani a cui, malgrado le umili origini, apparteneva.
La sua opera è in parte avvolta dal mistero; lui stesso riteneva di custodire i segreti dei numeri che la dea Namagiri, sua ispiratrice, gli rivelava nei sogni.
Nel 1913 prese carta e penna e scrisse una lunga lettera a quello che all'epoca era uno dei matematici più celebri al mondo, Godfrey Harold Hardy, membro del Trinity College di Cambridge.

Molto bella la scena del film in cui, chiuso in una stanza del college di Cambridge dove è ospitato, scrive di notte, davanti al lume di una candela che illumina la statuetta della dea Namagiri, ricongiungendosi forse a una realtà matematica già scritta da qualche parte che è solo in grado di riportare senza comprenderne totalmente il significato.

Gentile Signore,
mi pregio di presentarmi a Lei in qualità di impiegato presso l'ufficio contabilità del porto di Madras, con un salario di sole venti sterline l'anno. Al momento ho quasi ventitré anni. Non ho ricevuto un'istruzione universitaria ma ho frequentato le scuole regolari. Dopo aver lasciato le scuole ho utilizzato il tempo libero a mia disposizione per occuparmi di matematica. Non ho seguito la strada convenzionale che si segue in un corso universitario, ma sto tracciando un nuovo percorso tutto mio. Ho fatto una ricerca approfondita sulle serie divergenti in generale e i risultati

che ho ottenuto sono definiti dai matematici di queste parti "sorprendenti". Di recente mi sono imbattuto in un suo saggio intitolato "Orders of infinity", a pagina 36 del quale lei afferma che non è stata ancora scoperta una funzione che rappresenti esattamente il numero di numeri primi minore di un numero dato. Io ho trovato una formula che si avvicina moltissimo al risultato reale, con un margine di errore trascurabile.
Le sarei grato se volesse esaminare le carte qui accluse. Poiché sono povero, se è convinto che ci sia qualcosa di valido mi piacerebbe che i miei teoremi fossero pubblicati. Non ho ottenuto, ma ho indicato le linee su cui procedo. Essendo inesperto apprezzerei qualunque consiglio lei volesse darmi. Scusandomi per il disturbo che le arreco.

Se:

$$\mu = \cfrac{x}{1 + \cfrac{x^3}{1 + \cfrac{x^{10}}{1 + \cfrac{x^{15}}{1 + \dots}}}}$$

e:

$$v = \cfrac{x^{1/3}}{1 + \cfrac{x}{1 + \cfrac{x^3}{1 + \cfrac{x^3}{1 + \dots}}}}$$

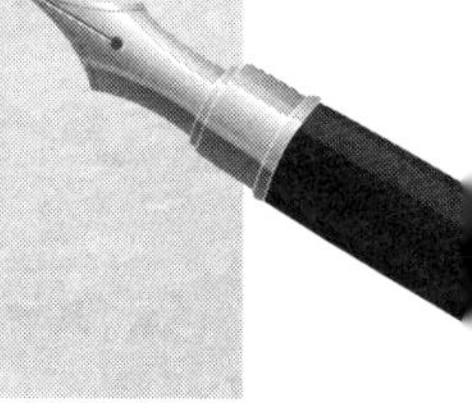

allora:

$$v^3 = \mu\left(\frac{1 - 2\mu + 4\mu^2 - 3\mu + \mu^4}{1 + 3\mu + 4\mu^2 - 2\mu^3 + \mu^4}\right)$$

GODFREY HARDY

Godfrey Harold Hardy e **John Edensor Littlewood**, suo collega e amico, ai primi del Novecento introdussero in Inghilterra la ricerca nel campo dell'analisi matematica e crearono corsi di insegnamento a Cambridge e a Oxford. La loro collaborazione iniziò nel 1912, durò 35 anni e non fu limitata alle sole pubblicazioni: si trattava di un lavoro quotidiano tanto che, negli ambienti universitari del tempo, correva voce che in Europa esistessero solo tre grandi matematici: Hardy, Littlewood e Hardy-Littlewood.

La stessa lettera di Ramanujan venne letta da entrambi, e fu Littlewood a consigliare a Hardy di esaminare bene i teoremi allegati alla missiva, che a prima vista apparivano assurdi, ma che forse, dopo tutto, non lo erano così tanto.

È rimasta celebre la frase scritta da Hardy nel volume *Apologia di un matematico*: «Ancora oggi, nei momenti di depressione, quando sono costretto ad ascoltare della gente pesante e presuntuosa, mi dico: "Beh, io ho fatto qualcosa che voi non sareste mai stati capaci di fare: ho collaborato con Littlewood e Ramanujan su un piano quasi di parità"».

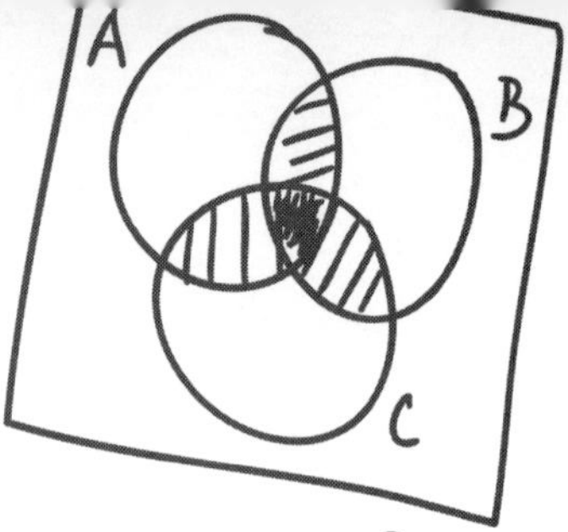

Parliamo con il linguaggio degli insiemi

In matematica viene definito "insieme" un gruppo di elementi con caratteristiche comuni per il quale è possibile stabilire con certezza se un elemento vi appartiene oppure no.
L'insieme si indica con una lettera in stampatello maiuscolo (A, B, C...), mentre ciascun elemento dell'insieme (parole, numeri, disegni ecc.) può essere indicato con lettere in corsivo minuscolo (*a*, *b*, *c*...).
Per esempio, se l'insieme A è composto dalle lettere della parola "scuola", scriveremo:

A = {*s*,*c*,*u*,*o*,*l*,*a*}

Gli elementi dell'insieme vanno indicati tra due parentesi graffe { }, separandoli con una virgola. Questo tipo di notazione è detto "rappresentazione per elencazione".

Esaminiamo ora i principali simboli del linguaggio degli insiemi e vediamo come usarli:

- ∈ = appartiene
- ∉ = non appartiene
- ⊂ = è contenuto
- ⊄ = non è contenuto
- ∪ = unione
- ∩ = intersezione
- ∅ = insieme vuoto

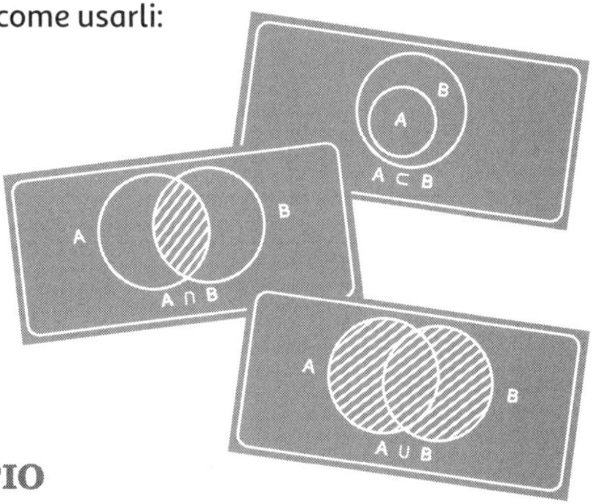

QUALCHE ESEMPIO

- Prendiamo in esame l'insieme precedente:

$$A = \{s,c,u,o,l,a\}$$

Potremo dire:

$s \in A$	$m \notin A$
(*s* appartiene ad A)	(*m* non appartiene ad A)

- Esaminiamo questi due insiemi:

$$A = \{d,i,s,p,a,r\}$$

Sono le lettere della parola "dispari", con una sola *i* poiché quando gli elementi di un insieme si ripetono si scrivono comunque una sola volta.

$$B = \{p,a,r,i\}$$

Ovvero le lettere della parola "pari".

Possiamo scrivere $B \subset A$ (B è contenuto in A oppure B è sottoinsieme di A, perché tutti gli elementi di B sono anche elementi di A).

- Se invece abbiamo gli insiemi $A = \{t,r,e,n,i\}$ e $B=\{p,a,l,o\}$, ovvero le lettere delle parole "treni" e "palo", possiamo dire $B \not\subset A$, cioè B non è contenuto in A (nessun elemento dell'insieme B fa parte dell'insieme A).

- Dati gli insiemi $A = \{c,a,n,e\}$ e $B = \{r,o,s,a\}$ (le lettere delle parole "cane" e "rosa"), possiamo scrivere:

$$A \cup B = \{c,a,n,e,r,o,s\}$$

In altre parole, abbiamo ottenuto l'insieme "A unione B" con tutte le lettere dei due insiemi, prese una sola volta se sono doppie (quindi c'è una sola *a*).

- Dati gli insiemi dell'esempio precedente $A = \{c,a,n,e\}$ e $B = \{r,o,s,a\}$, possiamo scrivere:

$$A \cap B = \{a\}$$

Si legge "A intersezione B = lettera *a*", e vuol dire che la lettera *a* è l'unico elemento comune a entrambi gli insiemi.

Gli insiemi possono anche essere rappresentati tramite un diagramma di Eulero-Venn, racchiudendo gli elementi dell'insieme in un ovale (viene detta anche **rappresentazione grafica**).

Vediamo qualche esempio:

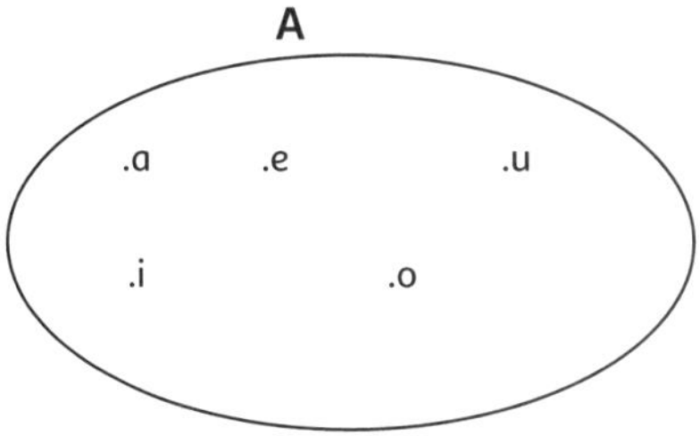

(insieme A delle vocali)

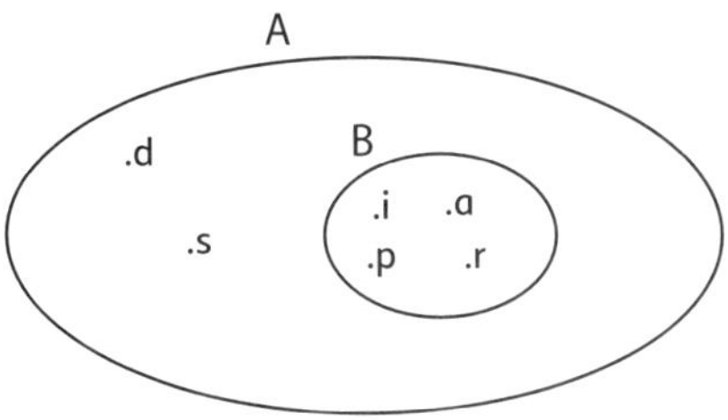

(B ⊂ A : B è contenuto in A)

(A = lettere della parola "dispari")
(B = lettere della parola "pari")

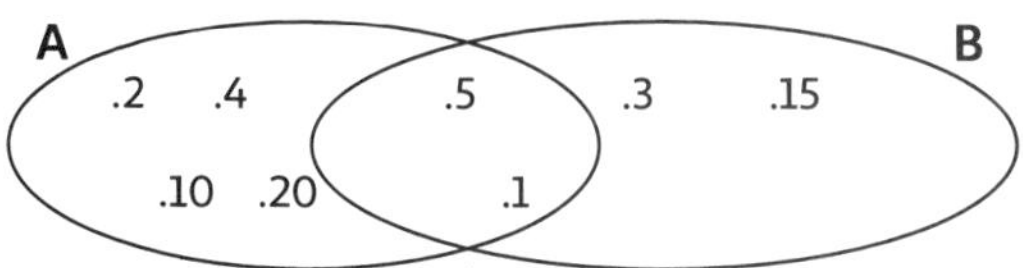

(A = divisori di 20) (B = divisori di 15)

(A ∩ B : A intersezione B = 1,5)

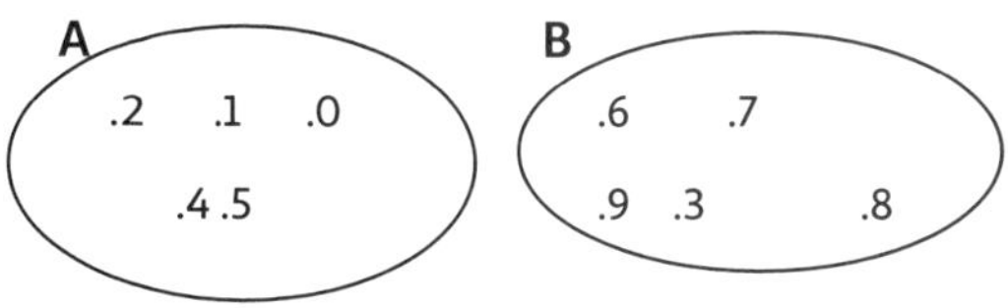

A = cifre del numero 12.450 B = cifre del numero 69.378

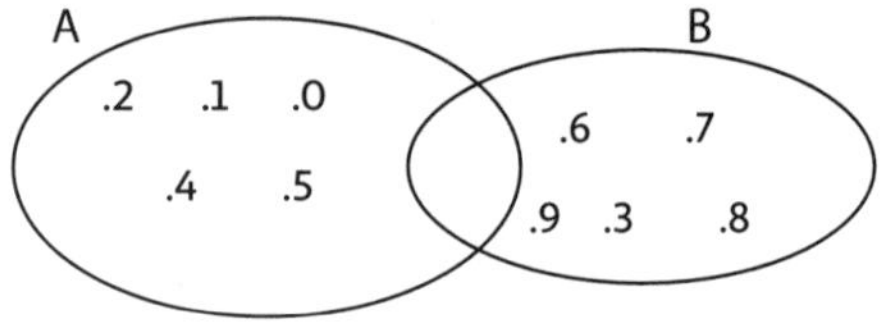

(A ∪ B : A unione B = l'insieme formato da tutti gli elementi dei 2 insiemi)

(Possiamo anche aggiungere A ∩ B = ∅, cioè A intersezione B è un insieme vuoto, perché non ci sono elementi comuni)

Un ultimo modo per rappresentare un insieme è la cosiddetta "rappresentazione per caratteristica": in questo caso dobbiamo scrivere tra parentesi graffe la proprietà che caratterizza l'insieme preceduta dal simbolo "x/x" (si legge "x tale che x"), dove x indica un qualsiasi elemento dell'insieme. Facciamo qualche esempio:

- A= {x/x è una vocale dell'alfabeto italiano}
  Si legge: "A è l'insieme di tutti gli elementi x tale che x è una vocale dell'alfabeto italiano".
- Proviamo a indicare un insieme sia per elencazione che per caratteristica:

B= {*0,1,2,3,4,5,6,7,8,9*}	(elencazione)
B = {x/x ∈ N e x ≤ 9}	(caratteristica: x tale che x appartiene all'insieme N e x è minore o uguale a 9)
C = {*15,16,17,18,19,20*}	
C={x/x ∈ N e 15 ≤ x ≤ 20}	(x tale che x appartiene all'insieme N ed è compreso/ uguale tra 15 e 20)

Un insieme costituito da un numero infinito di elementi è detto "insieme infinito". Sono esempi di insieme infinito:

- l'insieme dei punti di una retta;
- l'insieme dei numeri naturali;
- l'insieme dei numeri divisibili per 3.

Quando rappresentiamo un insieme infinito dobbiamo mettere dei puntini di sospensione al termine dell'elenco, a indicare che gli elementi non si limitano a quelli scritti fra le parentesi graffe.
Per esempio, l'insieme A dei numeri naturali nella rappresentazione per elencazione viene scritto così:

A = {*0,1,2,3,4,5,6,7,8,9,10...*}

Ecco invece come risulta nella rappresentazione grafica:

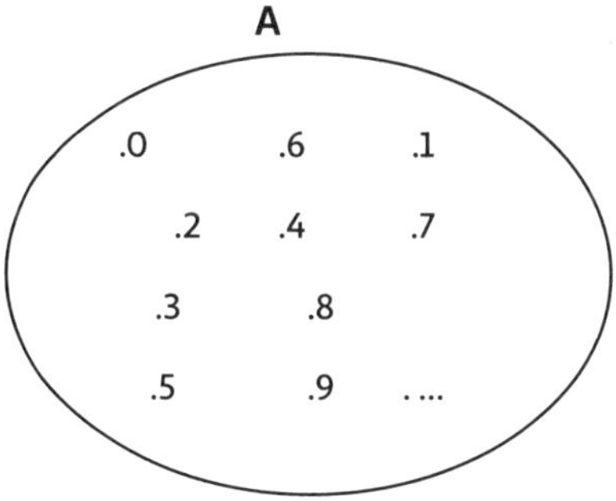

QUALCHE GIOCO PER PASSARE IL TEMPO

ORA POTETE GIOCARE CON GLI INSIEMI

1. Dati gli elementi elencati di seguito, disponeteli nei diagrammi sapendo che:
   A = {x/x è un'imbarcazione}
   B = {x/x è una parte di un'imbarcazione}

   catamarano, canotto, albero, piroga, bitta, vele, ancora, battello, yacht, baglio

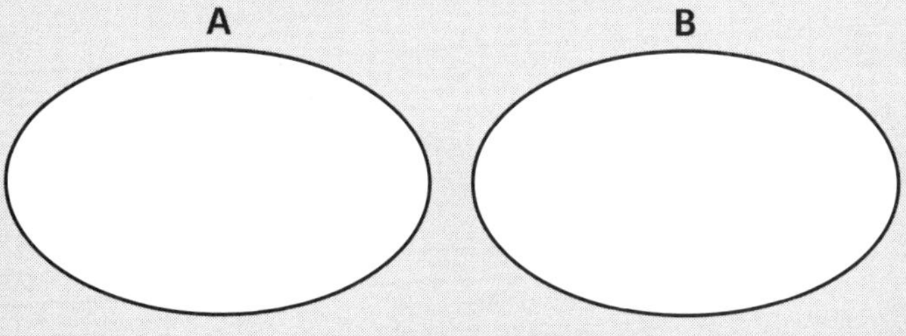

2. Scrivete per elencazione A ∩ B dei seguenti insiemi scritti per caratteristica:

A	B	A ∩ B per elencazione
{x/x è una lettera della parola «giornale»}	{x/x è una lettera della parola «problema»}	
{x/x è un numero pari minore di 20}	{x/x ∈ N e 8 ≤ x ≤ 16}	
{x/x è una consonante della parola «scienziato»}	{x/x è una lettera della parola «anziano»}	

3. Dati i seguenti insiemi:

M = {x/x è un multiplo di 13 e x < 70}

N = {x/x è un numero pari e 12 ≤ x ≤ 54}

P = {x/x è un divisore di 52}

rappresentate per elencazione le seguenti situazioni:

- M ∩ N
- M ∪ N
- P ∩ M ∩ N

MODI DI DIRE MATEMATICI

Mio fratello
è il **numero uno.**

Dammi
un cinque!

Mi sono
fatta in quattro
per aiutarti.

Sono al **settimo cielo**
dalla gioia.

Tutto è relativo

Il 20 dicembre 2013 le Nazioni Unite, in collaborazione con l'Unesco e molti altri soggetti scientifici, hanno proclamato il 2015 "Anno internazionale della luce e delle tecnologie basate sulla luce". L'intento era quello di porre l'attenzione sui molteplici impieghi che l'energia luminosa ha nella nostra vita quotidiana e promuoverne, al tempo stesso, uno sviluppo sostenibile e una riduzione degli sprechi.

E di certo non è un caso se la scelta dell'anno è caduta su una ricorrenza di tutto rilievo: il centenario della pubblicazione della teoria della relatività da parte di Albert Einstein (1915), con la quale lo scienziato tedesco ha aperto nuove porte alla fisica moderna.

ALBERT EINSTEIN

Albert Einstein nacque in Germania nel 1879 da genitori ebrei e trascorse l'infanzia a Monaco di Baviera.
I molti spostamenti famigliari lo portarono prima a Pavia, poi a Berna, in Svizzera, dove rimase per completare gli studi iscrivendosi al Politecnico di Zurigo e conseguendo la laurea nel 1900. Si definiva un solitario, amante della bellezza, della giustizia e della verità, affascinato dal mistero di Dio, del quale coglieva le tracce nella natura e del quale parlò in molte sue pubblicazioni.
Il primo articolo scientifico venne pubblicato nel 1896 a Pavia, ma la svolta avvenne nel 1905 quando elaborò la prima teoria sulla **relatività ristretta o speciale**, che risolveva alcuni conflitti tra teoria meccanica e teoria elettromagnetica della luce e rivedeva i concetti di spazio e tempo assoluti.

Secondo tale teoria il tempo non è assoluto, e il ritmo con cui scorre varia (da qui "relatività") a seconda della velocità di un corpo e della sua distanza dal centro di gravità: solo la velocità della luce ha un valore costante anche nel vuoto. In parole semplici possiamo dire che, se la velocità aumenta, il tempo si contrae scorrendo più lentamente.

Einstein espresse questo concetto con il **paradosso dei gemelli**. In uno stesso luogo ci sono due gemelli dotati di orologi uguali e sincronizzati; uno dei due gemelli rimane a Terra mentre l'altro parte per un viaggio interstellare a bordo di un'astronave che viaggia a una velocità prossima a quella della luce. Al ritorno sulla Terra, l'orologio del gemello "astronauta" indicherà che è trascorso meno tempo rispetto a quello del fratello, il quale risulterà anche molto più invecchiato.

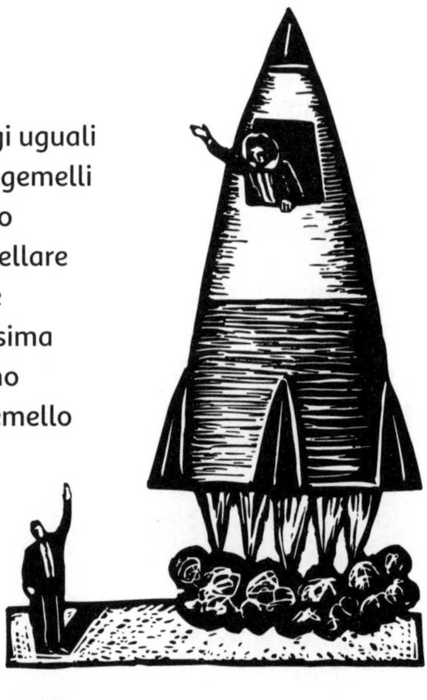

Quanto scoperto ed espresso nel 1905 giungerà a piena maturazione nel 1915, quando Einstein legò il concetto di gravità alla geometria dello spazio e del tempo e formulò la **teoria della relatività generale**, secondo la quale la forza gravitazionale è la manifestazione della curvatura dello spazio-tempo, una specie di tessuto a quattro dimensioni, tre spaziali e una temporale nella quale sono immersi tutti i corpi celesti.
Possiamo immaginare tutti i corpi celesti in un tessuto che si curva per la loro presenza e proprio questa curvatura causa l'attrazione gravitazionale nei confronti di un altro corpo celeste.

UN AIUTO DALLA MATEMATICA

Quando Einstein, dopo gli studi sulla relatività ristretta, aveva ripreso la ricerca per formulare una nuova teoria che unificasse lo spazio, il tempo e la gravità, gli mancavano gli strumenti matematici per tradurre in legge fisica la propria intuizione.

La risposta gli venne dall'amico e compagno di studi **Marcel Grossmann** che, in quanto matematico, era al corrente delle moderne teorie legate agli studi sulla materia e intraprese un'approfondita ricerca bibliografica per trovare spunti nelle formulazioni più recenti.

L'aiuto arrivò dall'Italia, precisamente dall'università di Padova e dalle ricerche sul calcolo differenziale geometrico di **Gregorio Ricci Curbastro**.

GREGORIO RICCI CURBASTRO

Gregorio Ricci Curbastro nacque a Lugo di Romagna il 12 gennaio 1853. Riservato gentiluomo di campagna, rivoluzionò la geometria euclidea addentrandosi nelle curvature della geometria differenziale, che fondeva geometria e analisi matematica.
Laureatosi in Scienze fisiche e matematiche alla Scuola normale superiore di Pisa nel 1875, si interessò da subito alle applicazioni della matematica ai fenomeni fisici.
Seguì un corso di perfezionamento a Monaco di Baviera e, tornato in Italia, divenne prima assistente straordinario alla cattedra di Calcolo a Pisa e poi professore straordinario di Fisica matematica presso l'università di Padova.
È a Ricci Curbastro che dobbiamo il grande merito di aver scritto le leggi fisiche utilizzando quel linguaggio matematico con il quale, secondo Galileo Galilei, è stato scritto il libro dell'universo.
Il **calcolo differenziale assoluto**, ritenuto fino a quel momento soltanto un "raffinato esercizio intellettuale", ha così contribuito a donare al mondo la rivoluzionaria teoria della relatività.

LA MATEMATICA AL CINEMA

THE IMITATION GAME

Alan Mathison Turing, matematico, logico e crittografo britannico nato a Londra nel 1912, è considerato il padre dell'informatica e dell'intelligenza artificiale.

Ebbe un ruolo fondamentale durante la Seconda guerra mondiale, quando mise le proprie conoscenze matematiche al servizio del Department of Communications inglese per decodificare i documenti militari crittografati dai nazisti, decifrando il codice Enigma ideando la cosiddetta "macchina di Turing".
A detta degli storici, la scoperta del codice Enigma accorciò la durata della guerra di due anni e salvò la vita di 14 milioni di persone.
Turing si suicidò mangiando una mela avvelenata, e pare che Steve Jobs, suo grande fan, proprio per questo scelse una mela morsicata quando dovette decidere che logo usare per i suoi computer.
Nel 2014 la vita di Alan Turing è stata raccontata nel film *The Imitation Game* di Morten Tyldum, con Benedict Cumberbatch nel ruolo del geniale matematico inglese.

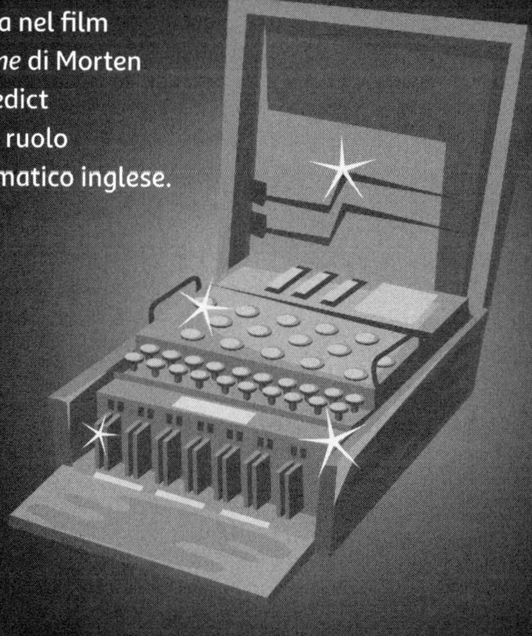

Un po' di matematica finanziaria

La matematica finanziaria si occupa di tutto ciò che gravita attorno al mondo dell'economia e della finanza.
Iniziamo questo piccolo excursus esaminandone prima di tutto i termini più ricorrenti.

- **Capitale**: la somma che decidiamo di depositare in banca, si indica con **C**.
- **Interesse semplice**: l'importo che ci viene corrisposto quando depositiamo per un certo tempo **t** un capitale in banca, si indica con **I**.
- **Tasso percentuale**: la percentuale che indica quanto ci renderà il capitale investito, si indica con **r**.
- **Tempo**: indica il periodo dell'investimento, se è espresso in anni si indica con **t**, se è espresso in mesi si indica con **m**, se è espresso in giorni si indica con **g**.
- **Anno commerciale**: è considerato per convenzione di 360 giorni.
- **Montante**: è la somma del capitale iniziale e degli interessi maturati.

- **Sconto commerciale**: è la riduzione di una somma da restituire che viene applicata quando si estingue il debito prima di una scadenza concordata, si indica con la lettera **s**.
- **Tasso di sconto**: è la percentuale applicata allo sconto commerciale.

VEDIAMO QUALCHE FORMULA

Calcolo dell'interesse

$$I = \frac{C \times r \times t}{100}$$ (se il tempo **t** è in anni)

$$I = \frac{C \times r \times m}{1.200}$$ (se il tempo **t** è in mesi)
1.200 = 100 × 12 mesi

$$I = \frac{C \times r \times g}{36.000}$$ (se il tempo **t** è in giorni)
36.000 = 100 × 360 giorni

Formule inverse

$$C = \frac{I \times 100}{r \times t} \qquad r = \frac{I \times 100}{C \times t} \qquad t = \frac{I \times 100}{C \times r}$$

Se il tempo è espresso in mesi o in giorni bisognerà sostituire a 100 i valori 1.200 o 36.000.

Calcolo del montante

$$\mathbf{M = C + I}$$

Formule inverse

$$\mathbf{C = M - I} \qquad \mathbf{I = M - C}$$

QUALCHE ESEMPIO

- Depositiamo in banca un capitale di 7.000 €
  al tasso percentuale del 2%.
  Quanto sarà l'interesse maturato dopo un anno?

  C = 7.000 €
  r = 2%
  t = 1 anno
  I = ?

  $$I = \frac{C \times r \times t}{100} = \frac{7.000 \times 2 \times 1}{100} = 140\ €$$

  Dopo un anno l'interesse maturato è di 140 €.

- Depositiamo in banca 14.000 € per 7 mesi al tasso percentuale del 1,5%.
  Quanto sarà l'interesse maturato?

  C = 14.000 €
  r = 1,5%
  m = 7 (mesi)
  I = ?

  $$I = \frac{C \times r \times m}{1.200} = \frac{14.000 \times 1,5 \times 7}{1.200} = 122,5\ €$$

  Dopo 7 mesi l'interesse maturato è di 122,5 €.

- Quanto renderà un capitale di 60.000 € in 2 anni e 6 mesi al tasso del 3%?
  Dobbiamo prima di tutto calcolare il numero totale dei mesi:

  2 anni = 24 mesi
  2 anni e 6 mesi = 24 + 6 = 30 mesi

  Ora, applicando la formula del calcolo dell'interesse con il tempo in mesi avremo:

  $$I = \frac{C \times r \times m}{1.200} = \frac{60.000 \times 3 \times 30}{1.200} = 3.000\ €$$

  Dopo due anni e mezzo l'interesse maturato sarà, quindi, di 3.000 €.

REGIMI DI CAPITALIZZAZIONE

Le capitalizzazioni possono essere di due tipi:

a) **capitalizzazione semplice**, nella quale è solo il capitale iniziale a fruttare e l'interesse si calcola solo su di esso;
b) **capitalizzazione composta**, nella quale si aggiunge al capitale l'interesse di un dato periodo precedentemente stabilito, per esempio l'anno, e nel periodo successivo saranno capitale + interesse a rendere altro interesse.
   La capitalizzazione composta si dice **annua** se il tasso d'interesse e il periodo di capitalizzazione sono annui, si dice **frazionata** se il periodo di capitalizzazione è un sottomultiplo dell'anno: bimestre, trimestre, semestre ecc.
   Nella capitalizzazione composta il montante composto è dato dalla formula:

$$M = C \times (1 + i)^n$$

dove **n** indica il numero di anni e **i** il tasso d'i interesse in numero decimale (1% = 0,01, 10% = 0,1 ecc.).

Esempio di capitalizzazione semplice

Se depositiamo un capitale di 85.000 al tasso del 2,5%, dopo tre anni quale sarà il montante?

C = 85.000 €
r = 2,5%
t = 3
M = ?

Dato che M = C + I, iniziamo a calcolare gli interessi:

$$I = \frac{85.000 \times 2,5 \times 3}{100} = 6.375$$

$$M = 85.000 + 6.375 = 91.375\ €$$

Il montante dopo tre anni sarà di 91.375 €.

Oppure applichiamo una formula per calcolare il montante nella capitalizzazione semplice:

$$C_t = C_0 \times (1 + it)$$

Dove: C_t = capitale al tempo t;
C_0 = capitale al tempo 0;
i = tasso d'interesse 3% = 0,03;
t = tempo.

C_t = 85.000 × (1 + 2,5 × 0,03) =
85.000 × (1 + 0,075) =
85.000 × 1,075 = **91.375 €**

Esempi di capitalizzazione composta

- Se depositiamo un capitale di 85.000 € al tasso annuo del 2,5%, quale sarà il montante fra 3 anni?

  $$M = C \times (1 + i)^n = 85.000 \times (1 + 0{,}025)^3 =$$
  $$85.000 \times 1{,}025^3 =$$
  $$85.000 \times 1{,}0769 \cong \mathbf{91.536\ €}$$

  Il montante in capitalizzazione composta è maggiore rispetto al montante della capitalizzazione semplice.

- Se depositiamo 20.000 € al tasso annuo di 1,5%, quale sarà il montante fra 3 anni e 6 mesi in capitalizzazione composta?
  Prima di applicare la formula dobbiamo trasformare i tre anni e sei mesi in anni: 3 + 0,5 = 3,5 anni.

  $$M = C \times (1 + i)^n = 20.000 \times (1 + 0{,}015)^{3,5} =$$
  $$20.000 \times 1{,}015^{3,5} =$$
  $$20.000 \times 1{,}015^{\frac{\cancel{35}\ 7}{\cancel{10}\ 2}} =$$
  (1,015 elevato alla 7/2)
  $$20.000 \times \sqrt{1{,}015^7} =$$
  $$20.000 \times 1{,}053 = \mathbf{21.060\ €}$$

Quando l'esponente è un numero decimale, dobbiamo trasformarlo in frazione e, se è possibile, semplificarlo; il numeratore della frazione diventa così l'esponente a cui elevare il numero, mentre il denominatore della frazione diventa l'indice della radice.

Parliamo di affari

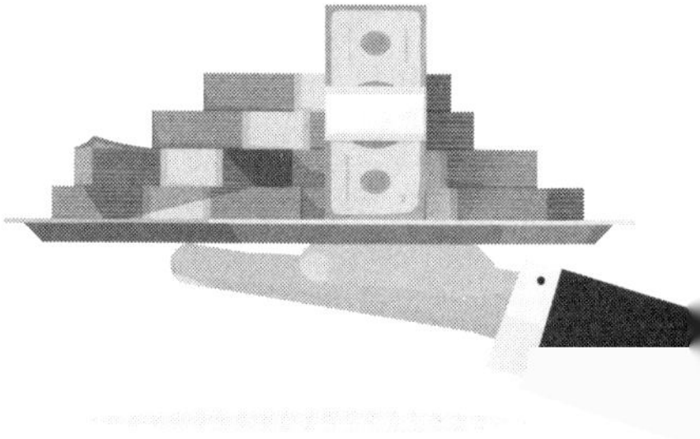

TAN E TAEG

Questi due acronimi sono estremamente popolari, ma il loro significato è ancora oggi conosciuto da pochi. Li ritroviamo per esempio nelle pubblicità di prodotti acquistabili a rate o nelle pubblicità di prestiti, finanziamenti e mutui, spesso sono indicati con caratteri di stampa molto piccoli (soprattutto il Taeg), come se la loro presenza dovesse passare inosservata.

Tan: Tasso Annuo Nominale
Taeg: Tasso Annuo Effettivo Globale

Scritte per esteso, le sigle assumono un aspetto più comprensibile, ma forse meno confortante per chi deve acquistare un bene. In ogni caso, il termine "tasso" è quasi da tutti compreso immediatamente e facilmente associato al concetto di interesse: tutti sanno che acquistando un bene a rate esso subirà una maggiorazione direttamente proporzionale al tempo di rateizzazione (ovvero, più rate facciamo e più interessi pagheremo).

Una volta compreso che sia Tan che Taeg si riferiscono agli interessi che andranno a gravare sulla spesa che sosterremo o sul finanziamento che stiamo per ottenere, proviamo a chiarirci le idee in merito ai loro valori.
Il Tan è il tasso di interesse puro applicato a un prestito. Se, per esempio, acquistiamo un bene del valore di 100 € e il Tan è del 5% il bene sarà maggiorato di 5 € (5% di 100 = 5 €) e il suo costo complessivo sarà di 105 €.
Il Taeg non viene utilizzato per calcolare l'importo delle rate, ma è un indicatore del reale costo del prestito e ci indica l'effettiva percentuale di interessi che grava sul nostro debito, calcolata con una formula complessa e nella quale al Tan vengono aggiunti i costi di erogazione del prestito (spese di istruttoria, bolli, tasse ecc.) e i costi legati al periodo in cui verrà effettuato il rimborso.

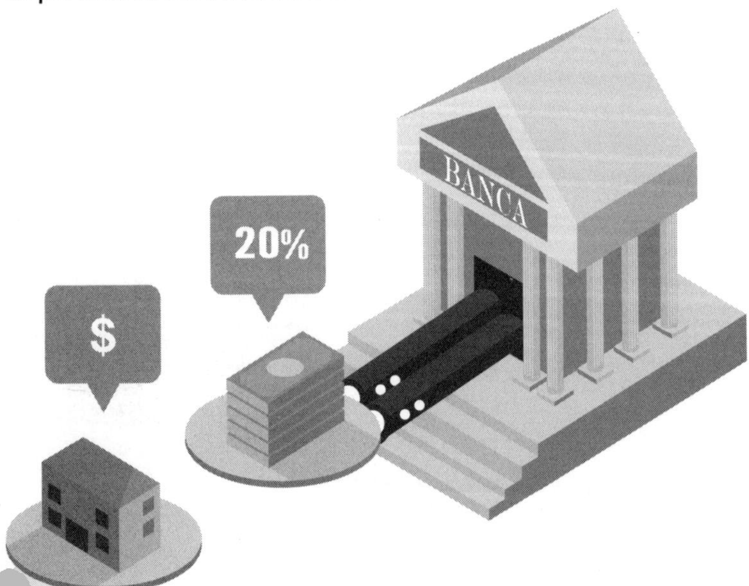

Per avere un'idea più chiara possiamo esaminare il preventivo di un prestito proposto da una finanziaria:

Importo da finanziare: 5.000 €
Prodotto: prestito personale
Tan: 4,98%
Taeg: 7,2%
Durata finanziamento: 60 mesi
Totale dovuto: 5.646 €
Rata mensile: 94,1 €

Il Taeg rappresenta il costo globale del finanziamento ed è quella la voce che noi dobbiamo controllare.

SPREAD

In italiano corrisponde alla parola "differenziale".
Si tratta di un indice economico che si riferisce al confronto tra titoli di stato di due Paesi diversi, di cui uno è preso come riferimento. Attualmente lo spread ha come riferimento i titoli di stato tedeschi (**Bund**) decennali, che per ora sono i più solidi sul mercato e a più basso rendimento.
Lo spread viene calcolato in punti base e ogni punto equivale allo 0,01% (0,01 × 100 = 1).
Lo spread in Italia è dato dal confronto tra i **Btp** (buono del tesoro poliennale) decennali e i **Bund** decennali, il suo calcolo viene effettuato facendo la differenza tra i relativi rendimenti.

Se il Btp rende il 3% e il Bund rende l'1% lo spread sarà **3% – 1% = 2%**, cioè 200 punti base.
La dura legge dei mercati finanziari lega il rischio di un titolo al suo rendimento, per cui più un Paese è considerato a rischio e maggiore dovrà essere la percentuale di rendimento dei suoi titoli di stato affinché vengano acquistati dai mercati finanziari.
Detto più semplicemente, uno spread alto indica una generale sfiducia da parte dei mercati nei confronti del Paese, ciononostante il rialzo può dipendere da molti fattori e non è detto che sia sempre indice di crisi.

EURIBOR

L'Euribor (Euro Inter Bank Rate) è nato con l'euro e corrisponde al tasso medio applicato alle transazioni finanziarie nel mercato interbancario europeo.
Indice molto attendibile del costo del denaro, varia quotidianamente e a esso sono legati i tassi di interesse dei prestiti erogati dagli istituti di credito (mutui a tasso variabile, finanziamenti ecc.).
Viene determinato da un campione di grandi banche europee (circa cinquanta) che ogni giorno, alle 11:00, trasmettono a un comitato di esperti una stima del tasso al quale presterebbero i soldi a un'altra banca; la media di questi valori determina l'indice Euribor.

FTSE MIB

Il Ftse Mib (Financial Times Stock Exchange Milano Indice Borsa), detto anche **Futsi Mib**, è l'indice di Borsa italiano che dal 1° giugno 2009 ha sostituito il Mibtel.
Nato dall'entrata della Borsa italiana nel gruppo creato dalla Borsa di Londra (London Stock Exchange Group), è il più importante indice della Borsa di Milano, per intenderci di Piazza Affari, nel quale confluiscono i quaranta maggiori titoli nazionali: dai colossi bancari a quelli assicurativi, industriali, delle telecomunicazioni e del settore energetico.
Raccoglie circa l'80% dei capitali del mercato azionario, e ogni giorno è ricavato dall'andamento delle vendite (trading) dei titoli nel mercato. Il rialzo o la diminuzione dell'indice possono dare l'idea dell'andamento del mercato ed essere d'aiuto agli investitori.

I giochi matematici potenziano il QI

Introdotto nel 1912 dallo psicologo tedesco William Louis Stern, l'**IQ** (**Intelligence Quotient**) rappresenta la misura del quoziente intellettivo (in italiano **QI**) esprimibile con la formula:

$$\frac{\text{età mentale}}{\text{età biologica}} \times 100$$

Quindi se l'età mentale corrisponde all'età anagrafica il valore del QI sarà 100.
L'età mentale viene stabilita da appositi test detti anche "scale", una delle più usate è la Wechsler.

Esemplificando, se un bambino di otto anni ragiona mediamente come i propri coetanei, la sua età mentale sarà uguale a quella biologica e il suo QI sarà 100.

$$QI = \frac{\text{età mentale}}{\text{età biologica}} \times 100 = \frac{8}{8} \times 100 = 1 \times 100 = 100$$

Se invece ha una capacità di ragionamento superiore a quella della media dei coetanei, il suo QI sarà maggiore. Ragionando come un bambino di dodici anni, presenterà un QI pari a:

$$QI = \frac{\text{età mentale}}{\text{età biologica}} \times 100 = \frac{12}{8} \times 100 = 1{,}5 \times 100 = 150$$

Secondo la scala Wechsler, il QI atteso, che corrisponde al valore medio normale, è 100.

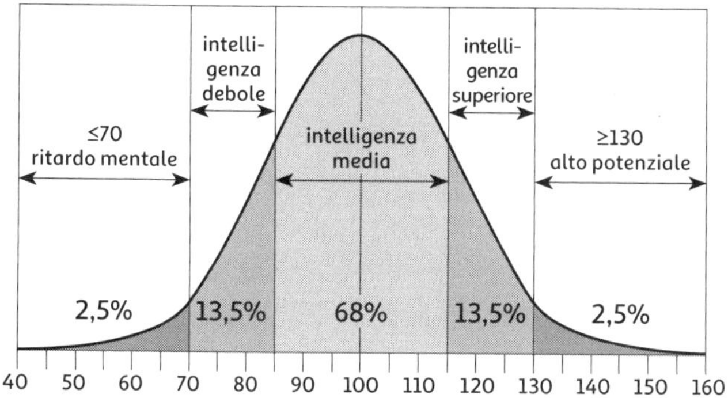

Nel grafico sono rappresentati i valori della scala Wechsler e l'andamento della distribuzione di questi valori in un campione di popolazione, rappresentati con una curva gaussiana.

- 68% della popolazione: $85 < QI < 115$, definito normale e corrispondente a un'intelligenza media;
- 13,5% della popolazione: $115 < QI < 130$, corrispondente a un'intelligenza superiore;
- 13,5% della popolazione: $70 < QI < 85$, corrispondente a un'intelligenza debole;

- 2,5% della popolazione: QI < 70, corrispondente a un ritardo mentale;
- 2,5% della popolazione: QI > 130, corrispondente a un alto potenziale cognitivo.

Dagli anni Settanta la validità del quoziente d'intelligenza è stata messa in discussione da molti studiosi. Particolarmente decisivi in tal senso sono stati gli studi sulle **intelligenze multiple** e, soprattutto, sull'**intelligenza emotiva**, ossia sulla capacità di creare rapporti empatici e, quindi, successi relazionali. Questi studi hanno anche dimostrato che se non siamo spinti dalla motivazione fatichiamo a imparare, in quanto la spinta emotiva attiva le nostre capacità di memorizzazione e di apprendimento. Sulla scorta di tutto questo progresso teorico, oggi si è giunti alla fondamentale conclusione secondo la quale l'intelligenza non è un bagaglio completamente predefinito. Insomma: intelligenti non (solo) si nasce, ma (anche) si diventa. In particolare, secondo uno studio dell'University College of London pubblicato sulla rivista "Nature", il nostro QI può crescere anche di 21 punti o crollare di 18, e la nostra intelligenza può migliorare in qualsiasi fase della nostra vita. Un grande aiuto per le nostre facoltà mentali sono:

- l'attività fisica, che favorisce lo sviluppo delle connessioni neuronali;
- una vita piena di interessi e di attività che rallegrino e rasserenino lo spirito;
- una dieta sana, come quella mediterranea, ricca di omega-3 che proteggono le nostre guaine mieliniche;

6. Luisa paga per l'assicurazione della sua auto 1.200 € all'anno.
Quando si reca a pagare il premio, chiede di quanto sarà diminuito l'importo annuo data l'età della sua vettura e dato che non è mai stato adeguato allo stato della macchina. Le viene risposto che il degrado da calcolare è pari alla percentuale di svalutazione riscontrata nel veicolo prendendo il suo prezzo di listino e confrontandolo con quello commerciale al momento del pagamento del premio.
Luisa non riesce a capire granché e aiutata da un'amica riesce a trovare il valore attuale della propria auto, che è di 9.030 €.
Se all'acquisto l'auto è costata 12.040 €, quale sarà l'importo aggiornato del premio dell'assicurazione di Luisa?

7. Qual è il numero mancante?

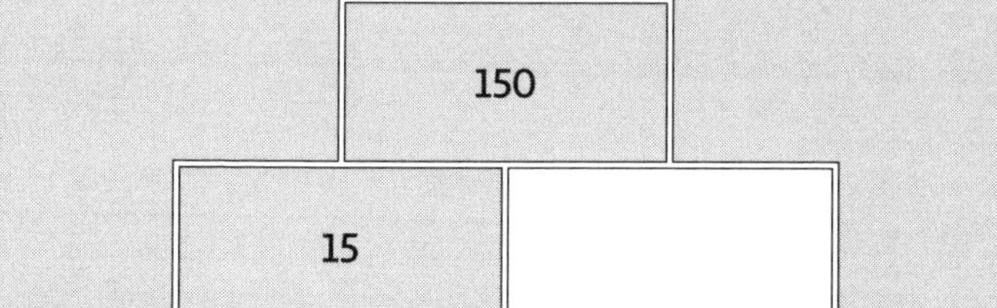

8. Avete a disposizione 90 tulipani rossi e 42 bianchi. Componete il maggior numero di mazzetti con la stessa composizione di colori.

a) Quanti mazzetti avete composto?
b) Quanti tulipani rossi avete messo in ogni mazzetto?
c) Quanti tulipani bianchi avete messo in ogni mazzetto?

9. I partecipanti a una gita vengono fatti salire quasi tutti su pulmini da dodici posti, un gruppo sale su un pulmino da otto posti e un altro gruppo su uno da ventidue. Se i partecipanti sono 114, quanti sono in tutto i pulmini?

10. Due amici rappresentanti si incontrano a Padova il 21 marzo. Il primo passa per quella città ogni 24 giorni, il secondo ogni 30 giorni. In che data i due amici si incontreranno nuovamente?

11. Come può essere definito il numero π?

a) Il rapporto tra l'area di un cerchio e il suo raggio.
b) Il rapporto tra la lunghezza di una circonferenza e il suo diametro.
c) Il rapporto tra l'area di un cerchio e il suo diametro.
d) Il rapporto tra la lunghezza di una circonferenza e il suo raggio.

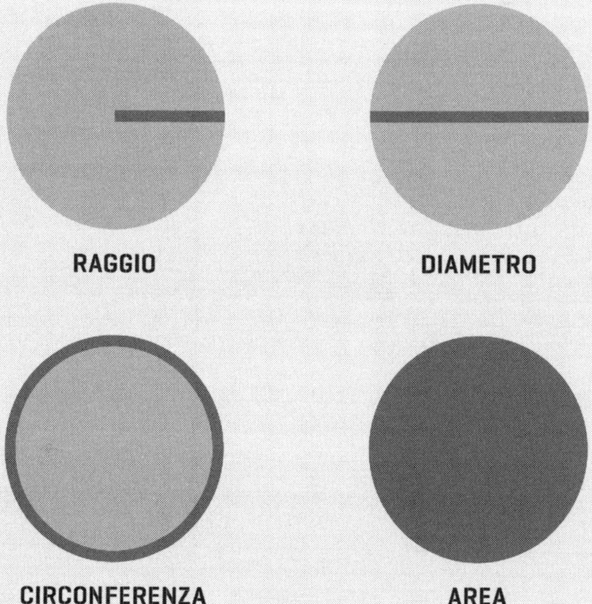

12. Indicate la maggiore delle seguenti frazioni.

$\frac{1}{3}$	$\frac{2}{5}$	$\frac{3}{10}$	$\frac{6}{11}$
□	□	□	□

13. A quale velocità viaggia un'auto che percorre un tragitto di 210 km in 1 ora e 45 minuti?

14. La somma di due numeri è 67,
e il secondo è il doppio del primo più 22.
Quali sono i due numeri?

MODI DI DIRE MATEMATICI

Tommy si è **tagliato a zero** i capelli per una scommessa.

Sono andata da Carlo e lì ho incontrato anche mia sorella: ho preso **due piccioni con una fava**.

Ieri sera al concerto eravamo in **quattro gatti**.

Non perdo mai la calma, **sono quadrata**.

SOLUZIONI AGLI ESERCIZI

Qualche gioco per passare il tempo, pp. 15-17

1.

1 C	E	N	T	I	2 N	A	I	A				
A					O							
R					V							
3 T	R	E			E							
E							5 C					
4 S	E	S	S	A	N	T	A					
I							T					
O							6 E	N	R	I	C	O
							T					
							O					

2.

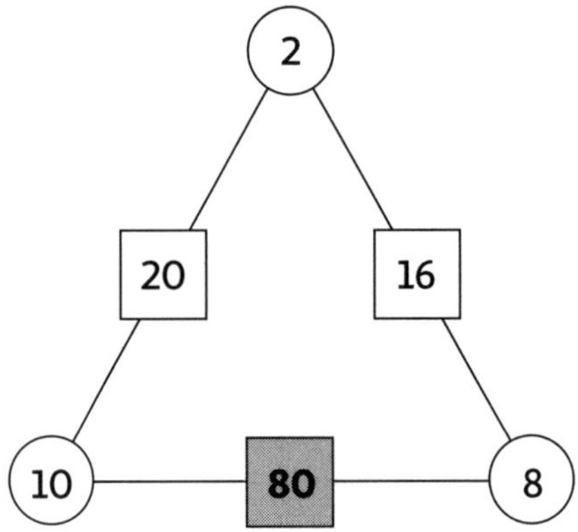

3.

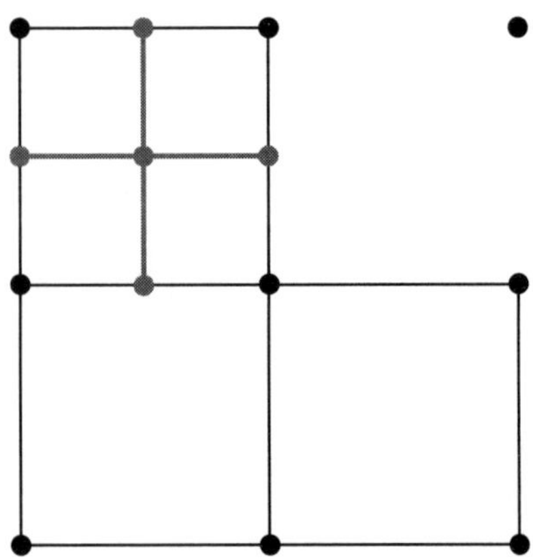

Gli anagrammi sono:

CASA	CAAS	CSAA
ACSA	ACAS	ASCA
ASAC	AACS	AASC
SACS	SASC	SCAA

OSSO

$n = k = 4$ $r_1 = 2$ (si ripete la lettera **o** 2 volte)

$r_2 = 2$ (si ripete la lettera **s** 2 volte)

$$\frac{4!}{2! \cdot 2!} = \frac{4 \cdot 3 \cdot 2 \cdot 1}{2 \cdot 1 \cdot 2 \cdot 1} = \frac{24}{4} = 6$$

Gli anagrammi sono:

OSSO	OSOS	OOSS
SOSO	SOOS	SSOO

4. 5642

$n = k = 4$

$4! = 4 \cdot 3 \cdot 2 \cdot 1 = 24$

I numeri sono:

5642	5624	5462	5426	5264	5246
6542	6524	6452	6425	6254	6245
4652	4625	4562	4526	4265	4256
2654	2645	2564	2546	2465	2456

Qualche gioco per passare il tempo, pp. 55-56

1. **a)** 6.500.000 $= 6{,}5 \times 10^6$
b) 182.000 $= 1{,}82 \times 10^5$
c) 13.875.000 $= 1{,}3875 \times 10^7$
d) 0,00000038 $= 3{,}8 \times 10^{-7}$
e) 0,000284 $= 2{,}84 \times 10^{-4}$
f) 0,006 $= 6 \times 10^{-2}$

2. **a)** 7×10^5 = 700.000
b) $8{,}45 \times 10^7$ = 84.500.000
c) $9{,}832 \times 10^9$ = 9.832.000.000
d) 423×10^{-2} = 4,23
e) $8{,}65 \times 10^{-4}$ = 0,000865
f) $0{,}3 \times 10^{-6}$ = 0,0000003

3. C.

4. Completa la seguente tabella:

Grandezza	**Valore in forma estesa (in metri)**	**Valore in notazione scientifica (in metri)**
Unità di misura		
1 pm (picometro, l'unità di misura dei raggi X)	0,000000000001	10^{-12}
1 nm (nanometro, l'unità di misura dei batteri)	0,000000001	10^{-9}

Grandezza	Valore in forma estesa (in metri)	Valore in notazione scientifica (in metri)
1 mm (micrometro, l'unità di misura dello spessore dei capelli)	0,000001	10^{-6}
1 Gm (gigametro)	1.000.000.000	10^{9}
Misure di grandezze		
Diametro del sole	1.390.000.000	$1,39 \times 10^{9}$
Raggio medio della Terra	6.370.000	$6,37 \times 10^{6}$
Diametro di un globulo rosso	0,000007	7×10^{-6}
Distanza percorsa dalla luce in 1 secondo	300.000.000	3×10^{8}
Distanza media tra la Terra e il Sole	150.000.000.000	$1,5 \times 10^{11}$
Diametro di una molecola d'acqua	0,00000000024	$2,4 \times 10^{-10}$

Ora provate voi, p. 61

1. Kcal: farina 1035;
uova 160;
burro 600;
latte 14,1;
zucchero 235,2;
tot. kcal = 2044,3.

2. Pasto a: 694,3 Kcal; pasto b: 641,2 Kcal.
   È più calorico il primo, ma di poco.

Qualche gioco per passare il tempo, p. 67

1. Anna 45, Paolo 30.
2. Andrea 20, nonna 70.
3. Federica 2, Giovanni 8.
4. Il mattone pesa 2 kg.
5. Conigli 25, polli 15.
6. Papà 30, mamma 30, figlio 10, figlia 5.

Guarda il grafico, pp. 75-77

1. **a)** $y = 22x$
   b) 44€
   c) 225,5€

2. **a)** 3€
   b) no, perché non si possono avere 7,5 persone
   c) $y = 15/x$

3. $y = 3x$

Qualche gioco per passare il tempo, pp. 97-98

1. **b)** 196.

2. ■ = 2 ▲ = 6 ● = 8 ▬ = 3

3. 6 galletti.

4. **Ora provate voi**, pp. 100-101

1. Calcolate:

a) $x = 2$
b) $x = 3$
c) $x = -1$
d) $x = -3$
e) $x = 4$
f) $x = 9^{\frac{1}{2}} = \sqrt[2]{9} = 3$
g) $x = \frac{4}{9}$
h) $x = 27$

2. *Il signor logaritmo*
$8 + 16 + 64 + 12 + 8 = 108$

Qualche gioco per passare il tempo, p. 107

1. 2.398

2. 133

3. $d = 73$ 1.461

4.

1°	2°	3°	4°	5°	6°	7°	8°	9°	10°	11°	12°
31	**47**	**63**	**79**	**95**	**111**	**127**	**143**	**159**	**175**	**191**	**207**
13°	14°	15°	16°	17°	18°	19°	20°	21°	22°	23°	24°
223	**239**	**255**	**271**	**287**	**303**	**319**	**335**	**351**	**367**	**383**	**399**
25°	26°	27°	28°	29°	30°	31°	32°	33°	34°	35°	36°
415	**431**	**447**	**463**	**479**	**495**	**511**	**527**	**543**	**559**	**575**	**591**

Facciamo qualche esercizio, pp. 111-112

1. **a)** 4/4
b) 2/4
c) 3/4

2. **a)** 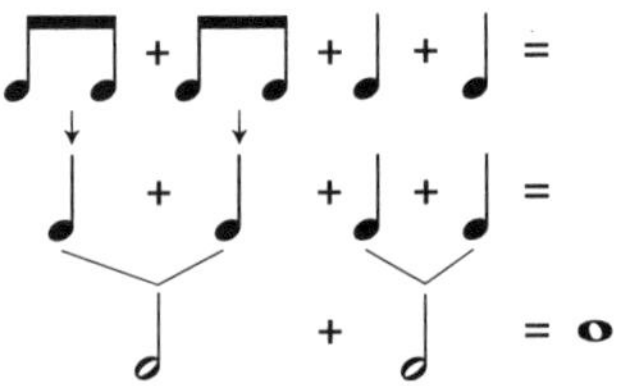

b) 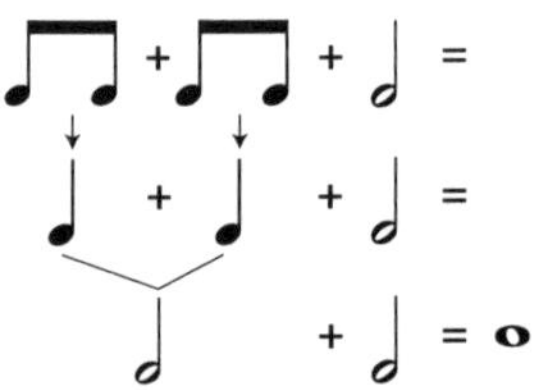

c) 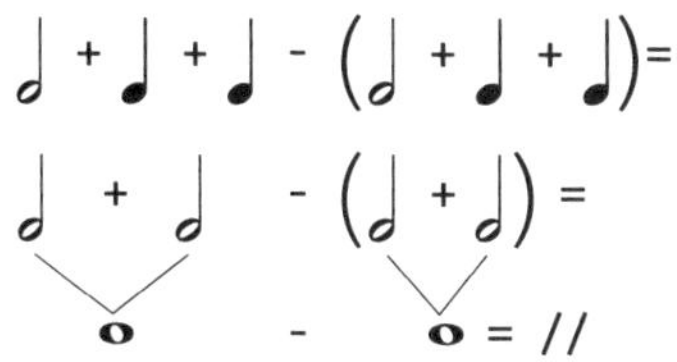

Qualche gioco per passare il tempo, p. 123

1. 24 h = 1.440 minuti.

2. 24 h = 1.440 min = 86.400 secondi.

3. Adele: 48^{min} 13^{s}
   Chiara: 32^{min} 24^{s}

4. Mario: S = 20 km = 20.000 m
   Giuseppe: S = 14,4 km = 14.400 m
   Differenza = 5.600 m

Giochiamo con le terne pitagoriche, p. 127

1. 130
   630
   4

2. 133; 156; 205

3. 49, 576, 625
   6, 8, 10
   11, 60, 61

4.

Terna primitiva	Terna derivata
15, 112, 113	**45**, 336, **339**

Qualche gioco per passare il tempo, p. 129

1. ACQUA = 39 (si attribuisce a ciascuna lettera il valore della sua posizione nell'alfabeto: $1 + 3 + 15 + 19 + 1$).

2. 90 (ogni numero viene raddoppiato e aumentato di 1, 2, 3, ecc.): $2 \times 2 = 4$; $4 \times 2 + 1 = 9$; $9 \times 2 + 2 = 20$ ecc.

3. $a^2 b^3 = -108$
   $(a + 2b)^2 = 16$
   $a^3 - b = 11$

Qualche gioco per passare il tempo, pp. 135-139

1. Scarpe = 84 € scontato = 71,40 €
   Manubri = 45 € scontato = 36 €
   Cyclette = 117 € scontato = 76,05 €
   Totale 246 € totale scontato = 183,45 €
   Risparmio 62,55 €

2. Rossetto sconto 15%
   Fard sconto 25%
   Lucidalabbra sconto 20%

3. La tabella completata

Nomi	Punteggio	% arrotondata	Voto
Mario A	28	60,86% = 61%	6
Carlo B	27,5	59,78% = 60%	6
Federico C	32	69,56% = 70%	7
Elena D	35	76%	7,5
MariaE	39	84,78% = 85%	8,5
Eugenio F	42	91,3% = 91%	9
Emanuela G	44	95,65% = 96%	9,5
Margherita H	45	97,82% = 98%	9,5
Federica L	46	100%	10
Giovanni M	33	71,73% = 72%	7
Mauro N	21	45,65% = 46%	4,5
Luciana O	38,5	83,69% = 84%	8
Aldo P	30	65,21% = 65%	6,5
Marika Q	31	67,39% = 67%	6,5
Camilla R	45	97,82% = 98%	9,5
Bianca S	34	73,91% = 74%	7
Tindara T	36	78,26% = 78%	7,5

4. **1° livello** Risultato = 2

2° livello Risultato = 1.651

3° livello Risultato = 61 15

4° livello Risultato = 9 12

Qualche gioco per passare il tempo, p. 153

a) $Fe_2O_3 + \mathbf{2}Al \longrightarrow Al_2O_3 + \mathbf{2}Fe$

b) $\mathbf{2}Cu_2O + O_2 \longrightarrow \mathbf{4}CuO$

c) $\mathbf{4}NH_3 + \mathbf{7}O_2 \longrightarrow \mathbf{4}NO_2 + \mathbf{6}H_2O$

d) $\mathbf{2}Li + \mathbf{2}H_2O \longrightarrow \mathbf{2}LiOH + H_2$

e) $2C_6H_6 + \mathbf{15}O_2 \longrightarrow \mathbf{12}CO_2 + \mathbf{6}H2O$

Ora provate voi, p. 157

a) 1° R 2° V $\frac{2}{12} = \frac{1}{6}$

b) 1° N 2° N $\frac{1}{12}$

c) V R oppure R V $\frac{3}{12} = \frac{1}{4}$

Giochiamo in base 2, p. 171

1. «Il pianeta Terra è il più bello dell'universo».

Morc

2.

×	11	1010	1	1110	1011
10	110	10100	10	11100	10110
11	1001	11110	11	101010	100001
101	1111	110010	101	1000110	110111
110	10010	111100	110	1010100	1000010
1001	11011	1011010	1001	1111110	1100011

Qualche gioco per passare il tempo, p. 189

1.

Dispositivo	Pollici	Diag. cm	Formato	Lungh.	Alt.
Smartphone	4,2	(10,67)	16:9	(9,28)	(5,22)
Pc	29	(73,66)	21:9	(67,62)	(28,98)
Tablet	12,1	30,73	16:10	25,92	16,2
Tv	50	(127)	16.9	(110,68)	(62,26)

2. La birra di Mauro costa 7,9 €/l.

3. 7,5 ft 90 in

4. Al serbatoio di Marco mancano circa 2,20 gal.

Qualche gioco per passare il tempo, pp. 203-204

1.

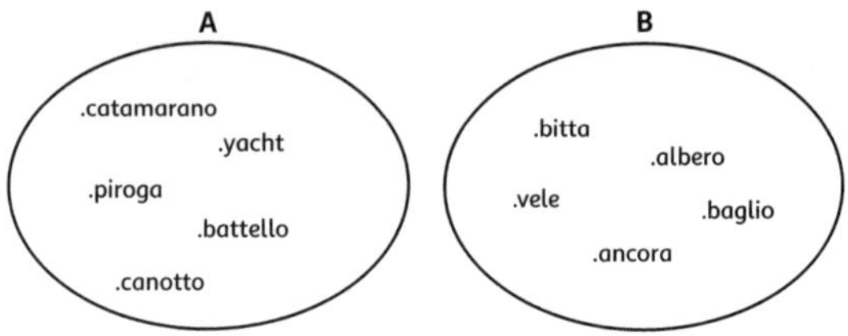

2.

A	**B**	**A ∩ B per elencazione**
{x/x è una lettera della parola "giornale"}	{x/x è una lettera della parola "problema"}	{r,o,l,e,a}
{x/x è un numero pari minore di 20}	{x/x ∈ N e 8 ≤ x ≤ 16}	{8,10,12,14,16}
{x/x è una consonante della parola "scienziato"}	{x/x è una lettera della parola "anziano"}	{n,z}

3.
- M ∩ N ={ 26,52}
- M ∪ N = {12,13,14,16,18,20,22,24,26,28,30,32,34,36,38, 39,40,42,44,46,48,50,52,54,65}
- P ∩ M ∩ N ={26,52}

Qualche gioco per passare il tempo, pp. 231-236

1. Completate la tabella inserendo gli opportuni valori.

N.	Sequenza dispari	Somma	n^3
1	1	1	1
2	3, 5	$3 + 5 = 8$	$2^3 = 8$
3	7, 9, 11	$7 + 9 + 11 = 27$	$3^3 = 27$
4	13, 15, 17, 19	$13 + 15 + 17 + 19 = 64$	$4^3 = 64$
5	21, 23, 25, 27, 29	$21 + 23 + 25 + 27 + 29 = 125$	$5^3 = 125$
8	57, 59, 61, 63, 65, 67, 69, 71	$57 + 59 + 61 + 63 + 65 + 67 + 69 + 71 = 512$	$8^3 = 512$

2. 1° Andrea 3^{min} 58^{sec}
2° Marco 4^{min} 12^{sec}
3° Paolo 4^{min} 15^{sec}

3. *Per 500 g* — *Per 900 g*

200 g di farina	360 g
50 g di farina di mandorle	90 g
100 g di burro	180 g
80 g di zucchero	144 g
1 uovo	quasi 2
4 cucchiai di acqua	circa 7

4. Chi è il più alto? Mario. Chi è il più basso? Carlo.

5. 7,5 giorni.

6. Luisa pagherà il 25% in meno, cioè 900 €.

7. Il numero mancante è 10 (ogni numero è il prodotto della moltiplicazione dei due numeri sottostanti).

8. **a)** 6
b) 15
c) 7

9. 7 pulmini da 12 + 1 da 22 + 1 da 8. Totale: 9 pulmini.

10. I due amici si incontreranno il 19 luglio.

11. **b)** Il rapporto tra la lunghezza di una circonferenza e il suo diametro.

12. La frazione maggiore è l'ultima, $\frac{6}{11}$.

13. L'auto viaggia a 120 km/h.

14. I due numeri sono 15 e 52.